WILHELM PELIKAN   DER HALLEY'SCHE KOMET

WILHELM PELIKAN

Der Halley'sche Komet

VOM GEISTIG-WESENHAFTEN
DER KOMETEN-NATUR

Herausgegeben von
der Mathematisch-Astronomischen Sektion am Goetheanum
durch Suso Vetter

Philosophisch-Anthroposophischer
VERLAG AM GOETHEANUM
Dornach/Schweiz

Einbandgestaltung von Johannes Renzenbrink
© 1985 by Philosophisch-Anthroposophischer Verlag am Goetheanum,
CH-4143 Dornach
ISBN 3-7235-0406-X
Zobrist & Hof AG, CH-4410 Liestal

Inhalt

Vorbemerkung

Die vorliegende Arbeit war fertig, als der Sternkalender 1958/59 der Mathematisch-Astronomischen Sektion der Freien Hochschule für Geisteswissenschaft Goetheanum in Dornach erschien. Darin las der Autor die vorzügliche Darstellung von Suso Vetter «Über die Kometen», die auf zehn Seiten das gleiche Gebiet behandelt, das auf den vorliegenden Seiten zu zeichnen versucht worden ist. Der Darstellung von Suso Vetter liegen – außer den Kenntnissen der astronomischen Wissenschaft auf dem Kometengebiet – die gleichen Forschungsergebnisse Rudolf Steiners zu Grunde, die der Autor dieser Schrift verarbeitet hat. Es sei darum mit allem Nachdruck auf die erwähnte Arbeit hingewiesen.

Vielleicht ist aber die ausführlicher sein könnende vorliegende Schrift dennoch vielen Lesern willkommen. Sie wendet sich an solche, die noch keine gründliche Kenntnis der anthroposophischen Literatur, vor allem des Vortragswerkes und der grundlegenden Bücher Rudolf Steiners besitzen oder die aus der großen Fülle der vorliegenden Literatur diejenige nicht zur Hand haben, welche zur Betrachtung und Ergründung der Kometennatur Wesentliches enthält. Dem, der noch weiter eindringen will, wird das angefügte Literaturverzeichnis dienen können.[*]

Wilhelm Pelikan

---

[*] Diese beiden Abschnitte befanden sich ursprünglich am Ende der Arbeit. Warum diese umfassende und eingehende Darstellung damals nicht veröffentlicht wurde, ist nicht mehr zu ergründen. Sie kam vor einigen Jahren in die Hände des Unterzeichners und erscheint nun, ergänzt durch die späteren hellen Kometenerscheinungen und das Literaturverzeichnis, im Vorblick auf die erwartete Sichtbarkeit des Halley'schen Kometen 1985/86. *Suso Vetter*

Einführung

Das Erscheinen des Arend-Roland'schen Kometen im Frühjahr 1957 hat die Gemüter vieler Menschen über die ganze Erde hin bewegt. Es hat der Wissenschaft Rätsel aufgegeben und neue Tatsachen über die Kometennatur zutage gefördert. In unserem gegenüber früheren an glanzvollen Kometenerscheinungen so armen Jahrhundert ist der Komet des Frühjahres 1957 der erste dem freien Auge gut sichtbare seit dem Erscheinen des Halley'schen Kometen im April-Mai 1910. Denn wenn auch – nach dem Ausspruche Johannes Keplers – die Kometen zahlreich sind wie die Fische im Meer, so sind doch die meisten nur durch das Fernrohr (oder auf der photographischen Platte) zu sehen und auf ihrer ungewöhnlichen Bahn zu verfolgen.

Zu Beginn unserer Betrachtung sei kurz angeführt, was bisher über den Kometen «1956 h» (d. h. den 8. im Jahr 1956 entdeckten) bekannt geworden ist. Er wurde am 8.11.1956 von Arend und Roland am königl. Observatorium in Brüssel bei Durchmusterung einer routinemäßig mit dem dortigen Doppel-Astrographen gemachten Sternenaufnahme als ein winziges Objekt 10. Größe entdeckt. Aus weiteren Beobachtungen bis zum Februar 1957 wurde seine Bahn errechnet, eine stark gegen die Ekliptik (den Wanderweg von Sonne, Mond und Planeten) geneigte, gegenüber diesen Wandelsternen *rückläufig* durchlaufene Hyperbel. (Der 1910 zuletzt erschienene Halley'sche Komet ist ebenfalls rückläufig, seine Bahn jedoch eine Ellipse.) Da die Ellipse eine in sich geschlossene, die Hyperbel aber eine aus der Unendlichkeit kommende, in die Unendlichkeit sich verlierende Kurve ist, kehrt der Halley'sche Komet periodisch (alle 75½ Jahre) wieder, der Arend-Roland'sche jedoch nicht. Dessen Bahn mußte den Schweifstern Anfang April 1957 in größte Sonnennähe – ein Drittel der Erdentfernung von der Sonne – bringen und zur größten Lichtentfaltung führen.

Gegen Ostern kam er in größte Erdnähe (etwa 90 Millionen km), wurde dem unbewaffneten Auge im Sternbild des Perseus (jener michaelischen Drachenbesieger-Gestalt der griechischen Mythologie) sichtbar und blieb es für kurze Zeit, dabei die Richtung gegen den Polarstern einschlagend. Man konnte gut den von der Richtung zur Sonne wegweisenden langen, streifig gegliederten, nebeldunstigen Schweif vom sternartig leuchtenden Kern unterscheiden. Über zwanzig Grade erstreckte sich dieser Schweif, durch den hindurch die überstrichenen Gestirne unverändert sichtbar blieben. Ihm entgegengesetzt, ungefähr auf die Sonne zu, war für eine Woche (22.–28. April) speerartig ein kürzerer (10° langer), zweiter Schweif zu sehen.

Die spektroskopische Untersuchung des Kometenlichtes ergab sehr deutlich die Anwesenheit von *Cyan*, ferner von Kohlenwasserstoffen und Kohlenmonoxyd, außerdem von Natrium.

Der dem Hauptschweif entgegengesetzte, nur vom 22. bis 28. April 1957 sichtbare speerartige «Gegenschweif» war nicht genau auf die Sonne gerichtet, sondern markierte einen kurzen Teil der zuletzt zurückgelegten Kometenbahn wie eine nachleuchtende Spur; man vermutete darin zurückgelassene feine Staubsubstanz von einer den Saturnringen ähnlichen Beschaffenheit, die durch Auflösung des Kometenkerns entstanden sei.

Dies über den Arend-Roland'schen Kometen; der Leser wird vielleicht einen gerafften Überblick über die Kenntnisse der heutigen astronomischen Wissenschaft begrüßen, soweit diese die Kometennatur im allgemeinen betreffen. Letztere stellt eine Welt für sich dar, rätselhaft, anscheinend anderen Gesetzen gehorchend als denen unseres Sonnensystems, unberechenbar, willkürlich gegenüber dessen exakt berechenbaren Bewegungsabläufen. Jedes Jahr bringt die Erscheinung vieler neuer, allerdings nur mit dem Fernrohr beobachtbarer «Irrsterne», die unerwartet an den verschiedensten Stellen des Himmels auftauchen und sich – im Unterschied zu den streng abgezeichneten, im «Tierkreis» in immer gleichen Rhythmen von West nach Ost verlaufenden Bahnen der Körper unseres Sonnensystems – in beliebigen Richtungen sich auf die Sonne zu bewegen, sie umkreisen und wieder in das All entfliehen, die meisten auf Nimmerwiedersehen. Einige wenige kehren, eine lang gezogene elliptische Bahn beschreibend, rhythmisch wieder, sind also etwas wie fremdartige Mitbewohner unseres Sonnensystems geworden; doch auch bei diesen muß man darauf gefaßt sein, daß sie sich in ihrer Wiederkunft verspäten, einen veränderten Anblick bieten oder gar ihre Kometenform aufgegeben haben und an ihrer Stelle ein Sternschnuppenregen auftritt – wenn die Erde ihre Bahn kreuzt. Manche Jahrhunderte, z. B. das vorige, waren reich an ungewöhnlich glanzvollen, sogar am hellen Tage deutlich sichtbaren Schweifstern-Erscheinungen mit mächtigen Schweifen, die den halben Himmel überzogen. Unser Jahrhundert hat bis 1957 nur zwei dem freien Auge etwas bescheiden sich darbietende Kometen gesehen.

Ferner ist der Zusammenhang mindestens eines Teiles der Meteoriten-Erscheinungen mit dem Kometenwesen auffällig geworden. Die Kometen unterliegen beim Durchkreuzen des Sonnensystems einem bald langsameren, bald schnelleren Auflöseprozeß, der in der Bildung «kometarischer Meteoritenschwärme» seinen Ausdruck findet, die zu ungewöhnlich reichen Sternschnuppenfällen führen können, wenn die Erde die Kometenbahn kreuzt.

Ein Teil der Kometenmaterie ist *«schweregehorsam»*, den Gravitationskräften anheimgegeben, hat kein Eigenlicht, sondern spiegelt nur das ihm zuströmende Sonnenlicht dem Beschauer zu, wie dies auch die Planeten tun; und als schwerer Stoff gelangt die aufgelöste Kernsubstanz auch im Meteoritenfall auf die Erde. Der andere Teil des Kometen aber, der uns in Hülle und Schweif erscheint, ist *«lichtgehorsam»*, entzieht sich den Gravitationskräften, leuchtet im eigenen Licht und besteht aus ungemein feiner, gasartiger Substanz. Eisen und eisenverwandte Metalle in einer auf der Erde unbekannten Struktur enthalten die Meteoriten; Cyan, flüchtige Kohlenstoffverbindungen enthält die Hüllen- und Schweifsubstanz.

Insoweit sind die Kometen Gegenstand der Astronomie und Astrophysik, zweier Wissenschaften, die sich mit den physischen Gesetzen und der physischen Erscheinungsform der Himmelskörper beschäftigen, mit dem Sternenleibe gleichsam. Sie übernehmen diesem Leibe des Kosmos gegenüber die Rolle des Anatomen, der die Ganzheit des Menschenleibes in Teile aufgliedert, deren Form, Lage, gegenseitige Beziehungen, die Bewegungsmöglichkeiten etc. erforscht und beschreibt. Wie aber die Ganzheit des Menschenleibes nur begriffen werden kann, wenn man sie von Leben durchdrungen, seeletragend, von Geistigem bewohnt erkennt, so fordert der forschende Menschengeist eine Erkenntnis des kosmischen Alls und seiner Offenbarungen, die dessen Leben, Seele und Geist mit zu umfassen sich bemüht. Dies kann nur durch eine Erweiterung der physischen Sternenwissenschaft geschehen, durch eine «Ganzheitsbetrachtung», die unter Festhaltung der exakten Seelenhaltung und Erkenntnisgesinnung des modernen Naturforschers ihr forschendes Bestreben auf die Lebenskräfte, Seelenhaftigkeit, Geistigkeit des Kosmos richtet. Hier darf die Anthroposophie auf den Plan treten, eine Erkenntnisart, die «das Geistige im Menschen zum Geistigen im Weltenall führen möchte». Sie tritt nicht in Gegensatz zur exakten Naturwissenschaft – der Astronomie in unserem Fall –, sondern sie fügt nur zu den heute anerkannten wissenschaftlichen Methoden und Erkenntnissen solche hinzu, die nach Methoden gewonnen sind, die sachgemäß sind für die Gebiete der Seelen- und Geistesforschung.

Rudolf Steiner konnte, wohl ohne Kenntnis der spektroskopischen Entdeckung, vor über einem halben Jahrhundert – als Ergebnis geistiger Forschung – an einem Kongreß in Paris aussprechen, daß die Kometen Cyan enthalten müssen (siehe Anm. zu S. 17 und 52). Ebenso hat er auf Zusammenhänge mit der Substanz der Saturnringe schon vor vielen Jahren hingewiesen. Die «Legitimation» zur Darstellung und Zusammenfassung seiner auf viele Vorträge und Einzelaufführungen verstreuten, aber auch in besonderen Vortragsreihen systematisch aufgebauten Mitteilungen ist damit gegeben. Bausteine einer Lebens-, Seelen- und Geisteswissenschaft des Kosmos können damit ins Auge gefaßt werden, ja Bauplan und Fundament einer echten «Kosmobiologie» sind damit schon gegeben. Insbesondere sind drei Vortragsreihen hier zu nennen: der 1909 in Düsseldorf gehaltene Vortragszyklus mit dem Titel «Geistige Hierarchien und ihre Widerspiegelung in der physischen Welt», der Helsingforser Vortragszyklus von 1912 «Die geistigen Wesenheiten in den Himmelskörpern und Naturreichen» und der Vortragszyklus von 1921 «Das Verhältnis der verschiedenen naturwissenschaftlichen Gebiete zur Astronomie».* Außerdem ist das grundlegende Buch über Welt- und Menschheits-Entwicklung «Die Geheimwissenschaft im Umriß» zu nennen, schließlich noch eine große Anzahl von Einzelvorträgen, die im Verlauf der Darstellung genannt werden.

Der Gegenwart ist es noch ungewohnt, das kosmische All als ein lebenerfülltes, beseeltes, durchgeistigtes Ganzes zu erkennen; sie hat die Hypothese von dem ungeheuren Atomofen, der grenzenlos sich wiederholenden toten Strahlungswüste mit ihren zu Milchstraßen sich ballenden, als Sonnen in tödlicher Hitze aufglühenden, zur Schlacke verglühenden Gebilden akzeptiert, so menschlich unbefriedigend diese Anschauung auch sein mag. Jedoch beginnt diese Anschauung sich bereits einer neuen Erkenntnisrichtung zuzuwenden. Die Tatsache, daß alles Erdenleben aus dem Kosmos entzündet und gespeist wird, beginnt ihr Gewicht immer stärker auszuüben. Die Resonanz kosmischer Rhythmen in irdischen Lebensrhythmen spricht ihre Sprache. Die ehrfürchtige Empfindung vom weisheitsvollen Bau des Universums findet in den Forschungsergebnissen immer neue Nahrung.

Das kosmische Leben, die «Weltenseele», die kosmische Geistigkeit wird man natürlich nicht mit Fernrohren und Spektrographen entdekken, so wichtig das mit solchen Instrumenten Gefundene auch ist; es muß dieses ergänzt, erweitert werden. Instrumente der Sternwarten sind erweiterte oder verstärkte Sinnesorgane; zu ihren Aussagen müssen die der Lebens-, Seelen- und Geist-Organe hinzutreten, die ebenso der Erweiterung, Verstärkung und Entwicklung fähig sind wie die physischen Sinnesorgane. Dann kommt erst eine Ganzheitserkenntnis

---

* Diese drei Vortragszyklen sind innerhalb der Rudolf Steiner Gesamtausgabe erschienen, unter den GA-Nummern 110, 136 und 323; «Die Geheimwissenschaft im Umriß» unter der GA-Nummer 13.

des Kosmos und seiner Erscheinungen, in unserem Falle der Kometennatur, zustande.

Ohne Umschweif soll nun darum mit der Darstellung der Forschungsergebnisse begonnen werden, die durch solche Lebens-, Seelen- und Geistesorgane gewonnen worden sind.

Die «biokosmische» Stellung der Kometennatur

Wenn es im Ernste auf eine solche Erweiterung unseres Sternenwissens ankommt, daß nicht nur die Physis, sondern auch die Lebens- und Entwicklungsgesetze, die Seelen- und Geistnatur des Riesenorganismus Kosmos Gegenstand unseres Erkenntnisstrebens werden, so müssen die Denkkategorien an ihn herangetragen werden, die für das organische Sein wesentlich sind. Die «organische» Funktion des Kometenwesens, seine Stellung gegenüber den anderen «Organen» unseres Sonnensystems wird beschrieben werden müssen.

Jeder Organismus steht im Zeitenstrom durch seine Entwicklungsreife konkret darinnen. Er hat Organe, die überreif, alt, sogar rudimentär geworden sind und dadurch eigentlich nicht mit der Gegenwart, sondern einer fernen Vergangenheit verbinden. Andere sind «prophetische» Organe, Keime der zukünftigen Möglichkeiten und Entwicklungen. Zwischen beiden Polen steht die voll «gegenwärtige» Schicht der Organe und Tätigkeiten eines Lebewesens. So ist z. B. das in Rudimenten bei Eidechsenarten vorhandene «Sternauge» ein solches auf eine uralte Erdenzeit zurückweisendes Organ; die quergestreifte Herzmuskulatur des Menschen weist auf einen künftigen Zustand dieses Organes hin, in dem wir es ebenso willkürlich werden betätigen können wie jetzt alle anderen quergestreiften Muskeln. Auch wenn wir die gesamte Tierheit betrachten, haben wir «lebende Fossilien» unter ihnen, die zwar in der Gegenwart leben, aber die Bildgesetze einer längst vergangenen Zeit verkünden – wie etwa die Beuteltiere, der Nautilus (der auf die Jura-Ammoniten hinweist) und der kürzlich entdeckte Quastenflosser.

In derselben Art halten die Kometen Bildegesetze und Stoffbeschaffenheit einer uralten Vergangenheit fest, einer Schöpfungsstufe, die unserem jetzigen Kosmos vorangegangen ist. Diese wird von der anthroposophischen Geistesforschung die Welt des «alten Mondes» genannt und z. B. in der erwähnten «Geheimwissenschaft» bis in Einzelheiten geschildert. Sie geht unserer Welt ebenso voraus wie etwa das Blütedasein der Frucht notwendig vorausgeht. Wie aber auch das Blütedasein eine Vorstufe voraussetzt, nämlich den grünen beblätterten Sproß, so hat das «alte Mondendasein» eine noch frühere Weltstufe zur Vorbedingung gehabt: das «alte Sonnendasein». Aber auch der grüne Sproß hat noch eine vor ihm liegende Daseinsform zur Grundlage: den Samen; und so ist dem alten Sonnendasein vorausgegangen die Welt des «alten Saturn» – womit wir erst im Anfangs- und Keimzustand unseres Alls angelangt sind. Dieser Aufbau unserer Welt in vier großen Schöpfungsschritten spiegelt sich in allen Gliedern und Wesen, in der Beschaffenheit ihrer Substanzen, in den Geheimnissen ihres Aufbaus. Vier Wesensglieder sind darum dem Menschen eigen (physischer Leib, Lebens- oder Bildekräfteleib, Seelenleib, Ich); vier Reiche bevölkern die Erde (Mineral, Pflanze, Tier, Mensch); vier Elemente bauen die Stoffeswelt (das Feste, Flüssige, Luftige, Wärmehafte).

Die Welt des «alten Mondes» ist gänzlich anders beschaffen gewesen; vor allem war sie dreistufig aufgebaut. Sie hat nicht gekannt, das heutige Mineralreich, den heutigen festen Zustand, die heutige streng festgelegte Art der Naturgesetze. Drei «Naturreiche» erfüllten die alte Mondenwelt: ein zwischen dem heutigen Mineral und der heutigen Pflanze stehendes, ein zwischen Pflanze und Tier stehendes und das Reich der Menschenvorfahren, zwischen dem heutigen Menschen und dem heutigen Tier seiner Entwicklungshöhe nach anzuordnen. Der «Untergrund» dieses Mondenlebens war nicht festes, totes Gestein, sondern halblebendiges Pflanzenmineral, höchstens zu holz- oder hornartiger Beschaffenheit verdichtet. Alles war viel plastischer, beweglicher, in seinen Formen wandelbarer, vom umgebenden Kosmos viel abhängiger als das heutige Sein; so wie das Sein des jungen, besonders des embryonalen Organismus viel vitaler, aber ungeformter, unbestimmter gestaltet ist. Vor allem war das Seelisch-Geistige und das Physische nicht so getrennt; die Tierpflanzenwelt war empfindungsdurchdrungen, das damalige Menschenwesen in seinem zwar dumpferen, traumhaften Bewußtsein von der Welt höherer Geistwesen, vor allem der ersten über dem Menschen liegenden, der Engel-Sphäre, durchdrungen. Das Wesen der Hierarchien blitzte und leuchtete durch das menschliche Bewußtsein. Die «Gesetze» und Daseinsbedingungen der Seelenwelt flossen mit denen des Physischen zusammen; darum wurde vorhin oben angedeutet, daß keine Naturgesetze im heutigen Sinn, in ihrer streng festgelegten Form, ihrem berechenbaren Ablauf herrschten, sondern daß diese einen seelisch-moralischen Einschlag hatten. Man müßte gleichsam die Gesetze der toten Physis (die man meist im Auge hat, wenn man heute von Naturgesetzen spricht) vermischen mit den Gesetzmäßigkeiten der Biologie, der Psychologie etc., um zu etwas den Daseinsformen und Erscheinungsabläufen der alten Mondenwelt Entsprechendem zu kommen. Eine Welt, die Flüssiges, höchstens Zähflüssiges mit hornartigen Einschlüssen als unterste Daseinsstufe hat, ist natürlich von anderen Gesetzmäßigkeiten durchdrungen als eine Welt mit festem mineralischem Daseinsgrund mit einer – «inkarnierte Geometrie» darstellenden – Kristallwelt usw. Auch heute noch hört das streng Berechenbare im Reich des Lebens, gar der Seele, auf; und das Geistige bedarf der Räume völliger Freiheit. Die Bahn eines geworfenen Steines läßt sich voraus berechnen; die Länge einer aus dem Samen aufsprießenden Pflanze aber schon viel weniger, der Flug eines Taubenschwarmes kaum.

Auch die Atmosphäre des «alten Mondes» war ganz anders beschaffen als die heutige Luft; sie war dichter als diese, vor allem aber lebendiger, einem höchst verdünnten Eiweiß- oder Milchartigen zu vergleichen. Es war darum der damalige Atemprozeß der Mondwesen etwas zwischen Atmung und Ernährung Stehendes. Die Wesen lebten aus der Hüllennatur des alten Mondes, etwa wie das Hühner-Embryo aus der Eisubstanz oder der Menschenkeim aus seinen Hüllen. Mit der Atmung-Ernährung kam aber auch dem Menschenvorfahren die Durchwärmung von außen zu; das, was dem heutigen Menschen von innen gegeben wird durch seinen Blutprozeß, der ja dem übrigen Organismus Ernährung, Durchatmung, Erwärmung bringt, das floß dem damaligen Menschenwesen von außen, aus der Mondatmosphäre zu. In dieser spielte nun ein Stoff eine Rolle, die in der heutigen Erdatmosphäre der Sauerstoff einnimmt, nämlich der Stickstoff; und wie als ein wichtiger weiterer Bestandteil ein Stoff die Luft erfüllt, der in stärkerer Konzentration ein gefährliches Gift wäre, in der tatsächlich vorhandenen geringen Menge aber ein lebensnotwendiger Stoff ist, nämlich die Kohlensäure, eine Verbindung des Sauerstoffs mit dem Kohlenstoff, so enthielt die «Mondenluft» das, aus dem sich heute ein heftiges Atmungsgift ableitet, das Cyan, eine Verbindung von Kohlenstoff und Stickstoff. Heute ist ein ganzes Naturreich darauf angewiesen, aus dem atmosphärischen Umkreis Kohlensäure (zusammen mit Licht- und Wärmeprozessen) zu empfangen: die Pflanzenwelt. Sie atmet dafür Sauerstoff aus – den Mensch und Tier einatmen, um dafür Kohlensäure zurückzugeben. Wie zwei fein ausbalancierte Waagschalen liegen Sauerstoffprozeß und Kohlensäureprozeß in der heutigen Atmosphäre; was aber in den Waagschalen sein Gewicht geltend macht, ist einerseits das Pflanzenreich mit seiner Kohlensäure-Einatmung und Sauerstoff-Ausatmung, andererseits die über der Pflanze stehenden Wesen mit ihrer Sauerstoff-Einatmung und Kohlensäure-Ausatmung. Ein ebensolches Verhältnis bestand zwischen den Naturreichen des «alten Mondes»; das niedere atmete Cyanartiges ein und Stickstoffartiges aus, das höhere aber Stickstoffartiges ein, Cyanartiges aus.

Nun ist es ein allgemeines Daseinsgesetz, daß frühere Daseinsstufen und Daseinsformen nicht völlig verschwinden, sondern, sich verwandelnd, neu errungenen höheren Daseinsstufen sich ein- und unterordnen und als Restformen, rudimentäre Bildungen, Rückschläge in die alten Zustände oder sogar als Pathologisches, das Neue Hemmendes in der allerverschiedensten Art auftreten können. Im irdischen Daseinskreis sind wir völlig daran gewöhnt, solche Erscheinungen des Geltendmachens uralter Daseinsformen zu beachten und zu werten; ungewohnt sind wir der Betrachtung und Wertung der Himmelserscheinungen nach solchen Gesichtspunkten.* Wir haben aber nicht den

* Immerhin blickt auch die heutige Astronomie auf solche Gebilde wie Nebelflecke so hin, daß sie in ihnen frühe Weltentwicklungszustände sieht, die unser Sonnensystem längst überschritten haben; sie sieht im Erdenmond einen

geringsten Anlaß, irdisches und kosmisches Sein für eine solche «lebenshistorische» Betrachtungsart zu trennen.

Aus der Beobachtung dieser Lebenstatsachen können wir Verständnis gewinnen für Rudolf Steiners Darstellung, daß wir in den Kometen Offenbarungen früherer Daseinszustände der Weltentwicklung, nämlich des alten Mondendaseins vor uns haben. In zwei im letzten Erscheinungsjahr des Halley'schen Kometen gehaltenen, unter dem Titel «Kometarisches und Lunarisches»* veröffentlichten Vorträgen führt Rudolf Steiner aus, wie die alten Mondenverhältnisse durch die Kometennatur in unser heutiges Dasein hereinragen, weil die Kometen auf der alten Mondendaseinsstufe stehengeblieben sind und, soweit die heutigen Verhältnisse dies gestatten, diese alten Verhältnisse in ihren so ganz anders gearteten Gesetzmäßigkeiten ausleben. Hingegen ist das Lunarische (durch den heutigen Erdmond Repräsentierte) über die heutige Entwicklung bereits hinausgeschritten, dabei aber der Erstarrung verfallen, so daß der Erdmond etwas wie die Karikatur eines künftigen Erdenzustandes ist (der «künftige Jupiterzustand» genannt, weil im heutigen Jupiterdasein Keime dieser künftigen Welt verborgen sind. Näheres darüber suche man in der einschlägigen Literatur, z. B. der «Geheimwissenschaft»).

Im Menschenbereich kann man diesen Gegensatz zwischen alten und künftigen Daseinsstufen, wie er sich in der Feinstofflichkeit der Kometen, der Grobstofflichkeit des Mondes offenbart, den Gegensatz von den Schwerekräften Widerstrebendem und ihnen streng Unterworfenem, auch auf besondere Weise anschauen: im Gegensatz der physischen Leiber von Weib und Mann. Der weibliche Körper ist etwas zu wenig, der männliche etwas zuviel irdisch geworden. Indem Newton den fallenden Apfel mit dem am Himmel erscheinenden

künftigen Zustand, dem auch die Erde einst anheimfallen werde. Jedoch die Lebens- und Wesensbeziehungen solcher sich entwickelnder Welten betrachtet sie als außer ihrem Forschungsbereich liegend. *W.P.*
* Zu finden in: «Das Ereignis der Christus-Erscheinung in der ätherischen Welt». GA 118.

Mond verglich und diesen als selbstverständlich in die gleichen Fallgesetze eingeordnet ansah, entdeckte er die Gravitationsgesetze, projizierte sie in den ganzen Kosmos und entwickelte eine «Himmelsmechanik». Hätte er den Kern mit seinem feinen Cyangehalt studieren können, so hätte ihm dieser durch seine Sprießekräfte von dem Streben sprechen können, das den wachsenden Apfelbaum der Schwere entgegen zum Kosmos hinaufträgt. Er hätte sich bloß zu fragen brauchen – nicht: wie *fällt* der Apfel, sondern: wie ist er hinaufgekommen? Als bibelfester Christ, der er war, wäre ihm vielleicht dann der Paradiesesbaum in den Sinn gekommen, jene Welt ohne Tod und Schwere, mit dem Repräsentanten alter Mondengeistigkeit, Luzifer, der sich als «kosmischer Rebell» gegen die Entwicklung sperrte, die in das Erdensein führen sollte – und der bei Eva, der die alten Weltenkräfte körperlich Bewahrenden, die Zugangsmöglichkeit fand. Das Cyan des Apfelkerns hätte ihn zu den cyanhaltigen Kometen führen können, und er hätte – nicht die Gravitations-, sondern die Antigravitationsgesetze, die Levitationskräfte des Daseins entdeckt.

Die eben ausgesprochene Zuordnung des Weiblichen zum Kometarischen, des Männlichen zum Lunarischen gilt aber nur für die physischen Leiber; für die Bildekräfte- oder Ätherleiber (das lebentragende Prinzip) gilt die umgekehrte Beziehung. Da ist dem Mann das Kometarische, der Frau das Lunarische verwandt. Durch diese Doppelbeziehungen ist das sich in die physisch-ätherische Leiblichkeit einkörpernde Seelisch-Geistige (das natürlich weder männlich noch weiblich, sondern umfassend menschlich ist) vor zu großer Einseitigkeit seiner irdischen Lebensbedingungen bewahrt.

Aber nicht nur in den Grundstrukturen seiner Leiblichkeit (dem Männlich-Weiblich-Sein) trägt der Mensch Beziehungen zur kosmischen Welt in sich, die in dem Ausspruch ihre Prägung fanden: dieser Menschenleib sei ein Mikrokosmos und als solcher Abdruck des Makrokosmos. Die streng geordnete, ein geformtes, gewordenes Sein darstellende Welt von Sonne, Planeten, Mond, spiegelt sich in Sein und Lebensdynamik eines inneren Organkosmos unseres Leibes, unserer inneren Organe: Herz, Leber, Niere, Galle, Lunge usw. Wir tragen im Herzen eine innere Sonne, in der Milz einen inneren Saturn, in der Leber einen inneren Jupiter, in den Nieren eine innere Venus, in den Reproduktionsorganen einen inneren Mond usw. in uns. Aber nicht nur dieses Gewordene und nun streng Festgelegte ist in unserer Leiblichkeit wirksam, sondern es werden in diese immer noch Keime neuer Entwicklungsmöglichkeiten gelegt, welche die oben genannten Grundstrukturen verändern und als ein aus dem bisher gegebenen Alten nicht Vorauszuberechnendes «kometenartig» hinzutreten. Solche Bildungen können in Zusammenhang mit dem Kometenleben gebracht werden. Der Komet wirkt auf den physischen und ätherischen Leib so, daß diese neue, feine innere Organe veranlagen, die der Fortentwicklung des Ich angemessen sind; und zwar haben in dieser Hinsicht verschiedene Kometen verschiedene Aufgaben. Das sich fortentwickelnde Geistwesen Mensch bekommt dadurch die ihm nötigen neuen Organstrukturen zugeteilt. Wenn eine solche makrokosmische «Aufgabe» zuende ist, zersplittert der Komet, der für sie ein Werkzeug war. Es werden bei den kurzen Ausführungen über den Halley'schen Kometen noch Einzelheiten zur Sprache kommen.

Aber nicht nur das Menschen-, sondern auch das Erdenleben erfährt parallel zu den Kometenerscheinungen besondere Einwirkungen. Dies zeigt sich in den Lebensprozessen von Tier und Pflanze; das Blühen ist anders; daß Kometenjahre (mit besonders auffälligen, außergewöhnlichen Kometenerscheinungen) besondere Weinjahre z.B. seien, hat man schon seit Jahrhunderten festgestellt.

Stofflichkeit und Stellung der Kometen
im Sonnensystem

Wir sind gewohnt, Materie unter den Erdenbedingungen zu erleben und projizieren sie und die in ihr sich offenbarenden Kräfte in das ganze Weltall. Rudolf Steiner hat aber immer wieder darauf hingewiesen, daß z.B. in der Sonne ganz andere Materieverhältnisse, ganz andere Kräfte wirksam sind, als wir sie auf der Erde feststellen. Man müsse von «negativer Materie» sprechen, von einer ganz anderen Art von Räumlichkeit. Die Gesetzmäßigkeiten der ätherischen Welt überwinden im Sonnenraum die des physischen Seins. Die physische Materie gelangt dort in ein Kraftgebiet, wo sie völlig aufgehoben wird. (Interessanterweise muß die neuere Atom- und «Kern»-Physik gleichfalls einen Begriff der «negativen Materie» bilden, um gewisse Erscheinungen der Umwandlung von Materie in strahlende Energie zu begreifen.) Das ungeheure Energie-Ausstrahlungszentrum der Sonne ist mit der Fähigkeit verbunden, Materie zu vernichten. Im kosmischen Raum stoßen nun die Kraftbereiche der Erdenmaterie, der in ihr wirksamen Kräfte, des Gravitationshaften, mit denen der Sonnensphäre, mit negativer Materie, Antigravitation usw. zusammen.

Das Zwischengebiet beider Krafttendenzen ist nun das Feld, in dem die Kometen ihre Daseinsbedingungen finden. Ihr Wesen hat an beiden Polen Anteil. Materiebildung und Materievernichtung liegen in diesen Zwischengebieten im Kampf. Gegen den Sonnenmittelpunkt tendiert negative Materie, vom Erdmittelpunkt strahlt positive Materie aus; die damit verbundenen Kraftwirkungen, Gravitation und Antigravitation (Levitation könnte man diese auch nennen), stoßen aufeinander; die von beiden Sphären getragenen Gesetze äußern sich. Das Kommensurable, zu starren, streng festgelegten Formen und Bewegungsabläufen Führende ringt mit dem Inkommensurablen, die lebendige Veränderlichkeit von Substanz und Bewegung Erhaltendem.

Wären die Verhältnisse im Sonnensystem kommensurabel, sie hätten längst zu dessen Tod geführt. Das Inkommensurable ermöglicht das Leben.*

Im Grenzgebiet dieser zwei großen Polaritäten unseres Sonnensystems (an denen die als materielle Körper anzusehenden Planeten durchaus auch Anteil haben) kann sich nun die Kometennatur als ein Ausgleich positiver und negativer Materie, zwischen Gravitation und Antigravitation, offenbaren. Kometen sind also in einem anderen Sinne Substanz als Erde, Mond, Planeten einerseits, Sonne andererseits. Sie bilden und entbilden sich fortwährend, entstehen und vergehen. In ihrer Bewegungsrichtung auf die Sonne zu wird der Kern, in entgegengesetzter Richtung löst er sich als Schweif, von der Sonne wegströmend, auf. Sie kommen nicht aus *räumlicher* Unendlichkeit, sondern aus einem Unräumlichen «entstehen» sie im Umkreis des Sonnensystems, verändern im Näherkommen an die Sonne ihre Gestalt, «materialisieren» sich zu einem halb stofflichen, halb unstofflichen Gebilde, gemäß den polaren Doppelbedingungen der eben angedeuteten Kraftsphäre und vergehen wieder. Nur wenige nehmen so viel von der materiellen Seite der genannten Sphäre in sich auf, daß sie in planetenähnlichen Bahnen, materiellen, winzigen Planeten ähnlich, wenn auch in ganz anders gearteten Bahnen, die Sonne für eine Zeit umkreisen – bis auch sie der Auflösung anheimfallen.

Immerhin ist die stoffliche Seite der Kometen unbedeutend gegenüber etwa der Materialität der Erde. Selbst die das Stofflich-Materielle so überwiegend ins Auge fassende Wissenschaft hat für den Kern beobachteter Kometen Massen errechnet, die etwa einer mittleren Schiffsladung entsprechen. Dabei kann der Schweif sich viele Millionen Kilometer in den Raum hinein erstrecken. Stoffliche «Nichtse», legen die Schweifsterne die Erscheinungsgewalt ihres Wesens vor allem in ein Lichthaftes.

* Siehe Literaturverzeichnis im Anhang, GA 323.

Vom Geistig-Wesenhaften der Kometennatur

Einleitend wurde dargestellt, wie das Erkenntnisstreben nicht bei der «Sternen-Anatomie», dem Erforschen des Sternenleibes, stehen bleiben darf, sondern nicht eher ruhen kann, bis es zu einem Wesenhaften vorgedrungen ist. Zur Naturwissenschaft ist Geisteswissenschaft hinzuzufügen. Diese weiß auch die «geistigen Wesenheiten in den Himmelskörpern und Naturreichen» zu schildern. So lautet das Thema einer 1912 in Helsinki gehaltenen Vortragsreihe Rudolf Steiners. Sie muß den Zeitgenossen mindestens ebenso interessant sein wie etwa das Unternehmen der Wissenschaft, auf dem Mt. Palomar ein Riesenfernrohr in die bisher unerforschten Raumestiefen des Weltalls zu richten, ein ins Ungeheure vergrößertes Auge, dessen Hauptteil ein gewaltiger Spiegel ist, der in geduldiger, jahrelanger Arbeit so fehlerfrei geschliffen wurde, daß er zuletzt frei von jeder täuschenden Verzerrungsmöglichkeit war; die Erfahrung jahrhundertelanger Bemühungen, die Mithilfe vieler, die Unterstützung einer reichen Nation waren nötig, um ein solches «Überauge», das ein auf die Spitze seiner Möglichkeiten getriebenes erweitertes menschliches Sinnesorgan darstellt, zu ermöglichen. Das Vertrauen in die Aussagen eines solchen Instrumentes beruht in zweierlei: in der vollen Erkenntnis der bei seinem Aufbau verwendeten Prinzipien und in der geprüften Vollkommenheit der Ausführung. Jedoch sind die Aussagen eines solchen Riesenauges ziemlich wertlos, wenn nicht zugleich mit dem Sinnesauge das Auge des Geistes sich verbündet. Der Haufen neuer Wahrnehmungen, der durch ein solches Instrument entsteht, muß mit entsprechenden neuen Begriffen durchdrungen werden; der Erweiterung der Sinnessphäre muß eine solche der Geistessphäre parallel gehen. Ferner vergesse man nie: Zuerst muß der *Wille* entstehen, nämlich, mehr zu sehen als bisher. Sodann muß das Instrument zubereitet werden. In seinem Bauprinzip ist schon das Feld der durch es möglich werdenden Erweiterung unserer Wahrnehmungen von vorneherein begrenzt. Zwar nicht *was*, aber wie weit man mit einem solchen Instrument sehen wird, das weiß man voraus, sobald man seinen Bauplan festgelegt hat.

In einer solchen gewaltigen Leistung wird der heroische Wille der Menschheit kund, Erkenntnisgrenzen zu überwinden. Bei aller Achtung vor diesem Willen wird man sich aber besinnen müssen, wo diese Erkenntnisgrenzen eigentlich liegen und wo der echte Ort ihrer Überwindung sich wirklich befindet. Rudolf Steiner hat in seiner «Philosophie der Freiheit», in seiner Dissertationsschrift «Wahrheit und Wissenschaft», in den erkenntnistheoretischen Untersuchungen zu Goethes naturwissenschaftlichen Schriften als erster unserer modernen Zeit in der für diese gültigen Form dargestellt, wo diese menschlichen Erkenntnisgrenzen wirklich liegen und wie ihre Überwindung prinzipiell geschieht.

Erkenntnisgrenzen der Sternkunde und ihre Überwindung

Auf Wahrnehmung und Denken baut sich alle menschliche Erkenntnis auf. Erstere wird uns durch unsere Sinne vermittelt. Diese geben uns aber nur einen Teil der Wirklichkeit, eben den sinnenfälligen, und damit entsteht für uns das Weltenrätsel. Denn wir sind mit all den «Gebärden» der Welt, den Tönen, Farben, Gerüchen, Geschmacksempfindungen, Tasterlebnissen etc. nicht zufrieden. Wir suchen den «Dolmetsch», der die Gebärden dieser Sinneserfahrung deutet. Diesen gibt uns das Denken. Dieses ergreift den Rohstoff der Sinneserlebnisse und arbeitet sie Stück für Stück durch, indem es zu jedem Sinneserlebnis etwas hinzufügt, was ihm fehlt, den dazugehörigen ideellen Faktor, den Begriff. Dadurch kommt erst Ordnung und Zusammenhang in unsere Wahrnehmungen.

Im Falle der Astronomie haben wir für die Sinne ganz überwiegend nur Augwahrnehmungen gegeben, stärkere oder schwächere Lichterscheinungen, allenfalls noch Wärmeerscheinungen, die rhythmisch kommen und gehen, ihre Lage, ihre gegenseitigen Beziehungen verändern; die Qualitäten dieser Lichter sind verschieden, was wir im Auge direkt als Farben, im Instrument etwas modifiziert als Spektrallinien erleben können. In ganz seltenen Fällen kommt uns etwas Tastbares, Körperhaftes (in den Meteoritenfällen) zu. Das ist zunächst für unser heutiges Bewußtsein alles, und dieses Alles ist sehr rätselhaft.

An dieser Situation kann besonders klar werden, daß es die Beschaffenheit unserer Organisation ist, die uns die Welt zunächst zum Rätsel macht. Wir zertrennen die Ganzheit der Welt in zwei Stücke, indem wir ihr entgegentreten. Nur ein Stück dieser Ganzheit eignen wir uns durch unsere Sinnesorgane an; und dieses Stück ist offensichtlich so beschaffen, wie die Eigenart dieser Sinnesorgane es zuläßt. Wir empfinden das Stückwerk dieses Sinnesanteiles an der Welt, und das erzeugt in uns die Empfindung: Das so Erlebte ist durch und durch rätselhaft.

Aber wir sind nicht nur der leiblichen – wir sind auch der geistigen Wahrnehmung fähig; das Organ hierfür ist das Denken. Diesem erschließt sich der andere Teil der Wirklichkeit, der ideelle. Das Auge entdeckt den Lichtpunkt eines Sternes neben vielen anderen Lichtpunkten; es erlebt die Veränderung der Lage dieses Lichtpunktes gegenüber den anderen. Das Denken trägt die Begriffe: Lage, Bewegung zu der Augwahrnehmung hinzu und macht das Bewegungsgesetz unserem Geistesauge anschaulich, indem es z. B. findet: Die ihren Ort verändernden Lichtwahrnehmungen folgen dem Gesetz einer Ellipse oder Hyperbel.

Nun hat Rudolf Steiner in seinen erkenntnistheoretischen Schriften gezeigt, warum der Mensch der Welt so entgegentritt, daß er zunächst nur einen Teil ihrer Wirklichkeit – den Sinnesschein – empfängt und den anderen Teil in seiner Seele auslöscht, wodurch ihm erst die Welt zum Rätsel wird.* Durch diese Einrichtung hebt er sich nämlich aus dem Weltganzen heraus und erlebt sich als Eigenwesen. Strömte die Ganzheit des Weltgeschehens ungeteilt durch sein Bewußtsein, so käme er nie zu einem kraftvollen Bewußtsein seines eigenen Wesens, niemals zu starker Selbständigkeit. Welterkenntnis wird ihm nicht geschenkt, Selbsterkenntnis muß er erst erringen. Wann erlebte man diese Situation stärker als nächtens unter dem gestirnten Himmel, oben leuchtende Unendlichkeit, unten allein und von ihr so vollkommen abgetrennt die eigene Leiblichkeit, ein Einzelnes, Isoliertes, auf sich Gestelltes? Jedoch der Selbsterkennende begreift seine Situation und beginnt sie zu wenden. Er schafft aus eigener Kraft die Brücke, die ihn wieder mit der Welt verbindet. Was ihm nicht geschenkt ist, erringt er Schritt für Schritt durch eigene Leistung: Welterkenntnis. Dies kann er durch die Tätigkeit des Denkens, die zwar ganz auf seinem Hervorbringen ruht, als Inhalt jedoch ein Weltgültiges, vom

---

* Siehe u. a. «Die Philosophie der Freiheit», GA 4, und «Wahrheit und Wissenschaft», GA 3.

Hervorbringenden völlig Unabhängiges zutage fördert. Der Begriff des Dreieckes, den mein Denken bildet und im Bilden anschaut, ist identisch mit dem, den das Denken irgendeines anderen erzeugt und im Erzeugen gewahr wird. Durch das Denken strömt ein Universelles durch unsere Seele, durch es beginnen wir den Weltanteil unseres Wesens uns klarzumachen und die Weltverbundenheit wieder herzustellen, die wir – um unserer eigenen Entwicklung willen – opfern mußten. Im Anschauen des Denkprozesses erleben wir uns als Geistwesen, wenn dies auch erst die erste Stufe eines Erlebens von Geistig-Wesenhaftem, von Geist-Erkenntnis ist. Doch es ist die erste Stufe einer wahren Jakobsleiter, die uns in die Reiche des Geistigen führen kann, von wo aus jene «zweite Hälfte der Welt» zu erleben ist, die uns die Sinneswahrnehmung «verschweigt».

Der Mensch früherer Zeiten war anders beschaffen. Er war in hohem Grade «Geschöpf des All». Seine Abtrennung von der Welt hatte sich erst in geringem Maße vollzogen. Sein Selbstbewußtsein war noch dumpf, schwach entwickelt. Aber es durchzog ihn dafür ein Weltbewußtsein. Mit seinen Sinneserlebnissen verband sich noch jene zweite Hälfte Welt, von der wir uns zunächst abgetrennt haben. Er konnte darum, wenn er zum Sternenhimmel aufsah, mehr darinnen erleben, als uns heute unsere Sinne vermitteln. Weisheitsvolle Bilder gewahrte er, die Ausdruck von Himmelskräften waren. Als Götterwohnorte erlebte er die Gestirne und gab ihnen entsprechende Namen. Nicht als eigene Erkenntnisleistung, sondern als Offenbarungen einer göttlich-geistigen Welt empfing der damalige Mensch seine Sternenweisheit. Seine Sternwarten waren nicht Anhäufungen höchst komplizierter Instrumente, sondern Orte für Götterbegegnungen. Die Sternenbahnen waren Ausdruck einer Götterschrift. Wie uns eine gewisse Gesichtszüge-Konstellation im freundlichen Lächeln eine gütige Seele offenbart, im Stirnrunzeln ein zorniges Gemüt, so war etwa die Erscheinung eines Kometen nicht nur ein Geschehen im physischen Himmel, sondern auch die Gebärde eines geistig-seelischen Vorganges im All. Sie hatte «etwas zu sagen». Sie zeigte nicht nur ein Gewordenes, ein gegebenes Faktum, sondern drückte das im Gewordenen Wirkende, noch Werdende, Zukünftige aus, hatte darum in gewissem Sinne einen prophetischen Charakter.

Der moderne Mensch hat zunächst alle Energie seines Forschens auf den Teil der Welt geworfen, der den leiblichen Sinnesorganen erscheint. Dies ist aber eine Welt des Gewordenen, des Gewirkten, nennen wir sie kurz «Werkwelt». Dieser gehört aber auch das an, was wir mit diesen Sinnesorganen an unserem Leibe gewahren, zuletzt die Sinnesorgane selbst. Wir erkennen, wie die Außenwelt in diese Sinnesorgane wie Golfe hineinreicht, wie die Lichthaftigkeit der Welt sich ein Lichtorgan, die Klanghaftigkeit ein Tonorgan usw. ausgebildet hat; zuletzt erkennen wir, wie die Stoffesnatur dieser Werkwelt sich in unsere Leiblichkeit hinein erstreckt, wie alle Stoffe der Außenwelt sich auch in unserem Leibe finden lassen, wenn er das tote Objekt der Forschung wird.

Alles Gewordene ist aber Ergebnis eines Werdenden, alles Geschaffene Resultat schöpferischer Kräfte, jedes Werk geht aus einem Wirkenden hervor, jeder Stoff ist gewoben von unstofflichen Prozessen, das Gewebte entsteht durch das Webende. Von der Erkenntnis der Werkwelt muß der Mensch aufsteigen zur Erkenntnis der Welt der Wirksamkeiten, vom toten Gebilde zu den lebendigen Bildekräften. Wenn wir erkennen wollen nicht nur, wie ist der Komet stofflich beschaffen, wie vollzieht sich physisch seine Bewegung usw., sondern wie ist er Ausdruck des Welten*lebens*, so müssen wir diesen Aufstieg von der Werkwelt zur Welt der Wirksamkeiten wagen, zur Welt der Bildekräfte, zum ätherischen Kosmos. Wir werden dann auch erforschen können, wie sein Erscheinen innerhalb der Lebensprozesse des Erdenseins sich auswirkt.

Zu diesem Zwecke müssen wir nicht nur die Aktivität der Sinnesorgane gewaltig verstärken durch exakte, fehlerfrei aufgebaute Instrumente, sondern wir müssen hinzufügen – nun nicht tote, der Werkwelt entnommene Apparate, sondern lebendige Tätigkeiten, die in ebenso geduldiger Arbeit zu fehlerfreier Vollkommenheit aufgebaut sind und die beobachtend in die Welt der Bildekräfte sich richten lassen. Der Ausgangspunkt für diese Entwicklung ist das Denken – das uns in seiner wahren Wesenheit so unbekannt ist, weil wir sein Tun so intensiv in das Durchdringen, Begreifen und Erforschen der Werkwelt hineinverbrauchen, daß nur die Resultate dieses Tuns, die zur Werkwelt gehörenden Begriffe als das «Werk der Denktätigkeit» erlebt und angeschaut werden, nicht aber die bildende Tätigkeit selbst. Hier ist aber der Ort, wo der Übergang von Wirksamkeit in Werk ganz exakt und in allen Einzelheiten erlebbar wird. Rückt man in streng systematischem, exaktem und gewissenhaftem Vorgehen voll überschaubare Gedanken in Konzentrations- und Meditationsübungen ins Bewußtseinsfeld, unter völliger Ausschaltung der Sinnessphäre, so werden die Denkkräfte selbst erlebbar. Ein solches Vorgehen bedeutet auf dem Seelengebiet etwas Entsprechendes, wie es im Gebiet der physischen, der Werkwelt, das Bauen eines physischen Beobachtungsinstrumentes, etwa eines Fernrohres, darstellt. (Hier muß es mit diesen Andeutungen sein Bewenden haben; nachdrücklich sei auf das Schulungsbuch Rudolf Steiners hingewiesen: «Wie erlangt man Erkenntnisse der höheren Welten?».)

Indem wir uns so ein Organ ausbilden, um eine Wesenstätigkeit übersinnlicher Art anzuschauen, wird uns eine feine Kraftleiblichkeit anschaubar, die unseren physischen Leib durchdringt, belebt, Wachstum, Ernährung, Heilung bewirkt, ein «Leib» wirkender Lebenskräfte. Wir «denken mit denselben Kräften, mit denen wir wachsen». Nur sind diese Kräfte dort, wo sie sich als Wachstumskräfte usw. äußern, leibgebunden. Wo sie als Denkkräfte auftreten, werden sie aber leibfrei, benützen die Leiblichkeit nur als «Spiegel», um ihr Tun ins Bewußtsein hineinzubringen. Durch die erwähnten Übungen erkraftet die Seele sich dazu, für die Zeitdauer dieser Übungen die Denkkräfte völlig «leibfrei» zu machen. Auf solchem Wege gelangt man zur Anschauung, zum Erleben einer zweiten Leiblichkeit, des Bildekräfte- oder Ätherleibes, und dann, in weiterem Verfolg dieses Weges, zu einer ganzen Welt, zu der dieser ebenso dazu gehört, aus der er sich ebenso aufbaut, wie unser physischer Leib sich aus den Stoffen der Werkwelt aufbaut und ihr angehört. Von der Werkwelt kann nun das forschende Erleben aufsteigen in die Welt der Wirksamkeiten. In dieser herrschen völlig andere Gesetze als in der «Werkwelt». Für diese ist Schwere z. B. etwas Kennzeichnendes, für die ätherische Welt aber Leichte – um nur eines zu nennen. In der Werkwelt sind getrennte Dinge; in der Welt der Wirksamkeiten durchdringt, durchkraftet sich alles gegenseitig. Unser Ätherleib ist darum für Einwirkungen seiner «Außenwelt» viel geöffneter als der physische Leib für die physische Welt. Im Denkprozeß erleben wir uns ja grenzenlos geöffnet nach dem geistigen «Außen». Nur durch sein Gebundensein an den physischen Leib grenzt sich der Ätherleib etwas ab vom Ätherkosmos, mit dem er sich nach dem Tode sogleich wieder verbindet. Auf abnorme Art freiwerdende Teile des Ätherleibes ermöglichen es, Vorgänge in der ätherischen Sphäre, wenn auch bloß passiv, mitzuerleben, was sich z. B. als Wetterfühligkeit, Empfindsamkeit für gewisse kosmische Einwirkungen usw. zeigen kann.

Mit dem physischen Teil unserer Erkenntnisorganisation, mit unserem physischen Leib also, vor allem mit dessen Sinnesorganen, können wir wohl die Erdenverhältnisse erforschen – genau gesagt deren mineralisch-totes Sein. Für die Erforschung schon der Sonnenwelt müssen wir aber die ätherische Organisation zuhilfe nehmen. Das gleiche gilt für alles Irdische, das sein Leben vom Kosmos her empfängt, z. B. das Pflanzenleben.

Die Erforschung der Welt der Wirksamkeiten, des «Ätherkosmos», kann aber nicht letztes Ziel unseres Erkenntnisstrebens bleiben. Zur Welt der Wesensoffenbarungen muß weiter aufgestiegen werden, und dies gelingt, indem wir uns eines weiteren Gliedes unseres Wesens bewußt werden, das in besonderer Art mit dem webenden Wesensoffenbaren verbunden ist, mit dem empfindenden Seelenleibe, dem «Astralleibe». Unsere Fähigkeit des Fühlens ist mit dem Besitz dieses Wesensgliedes verbunden, durch es werden wir Miterlebende an dem, was zwischen Außenwelt und uns sich abspielt. Zu dumpf ist aber das durch die Gefühle uns Zukommende, nur von dem Helligkeitsgrade unserer Träume, außerdem überwiegend an unsere Leiblichkeit gebunden, also subjektiv. Von dieser Gebundenheit kann man es befreien durch weitere Seelenübungen. Man kann z. B. lernen, die stärksten Gefühlskräfte an objektiven Gedankeninhalten zu entwikkeln, die man in meditativen Übungen sich ins Bewußtsein ruft. Für gewöhnlich geht man im Erleben von Schmerz, Freude usw. auf, vielleicht sogar unter; Freude, Schmerz können aber auch zu Anschauungsorganen werden für die *Wesenseigenart* des Lust- oder Schmerzbereitenden. Durch Lust, Schmerz usw. spricht es sein Wesen in uns hinein, offenbart es diese oder jene Seite seines Wesens. Durch die durchsichtig gemachte Empfindungswelt «inspiriert» es sein Wesen in uns hinein. Man beginnt eine Welt von Wesensoffenbarungen zu erleben. Der Astralleib erweist sich als verbunden mit dem Wesenhaften der Gestirnswelten.

Der nächste Schritt verwandelt die Willenskräfte zu Erkenntnisorganen. Dies erfordert die größte innere Anstrengung und gelingt nur durch das lange fortgesetzte Bemühen, die Kraft der selbstlosen Liebe im Erkenntnis-Willen immer stärker zu entfalten. Denn man soll nun in den Wesenskern eines anderen Wesens eintreten, in die Kräfte, mit denen es sich selber will – und das gelingt von allen Seelenkräften nur der Liebe. Jenem zur Erkenntnisfähigkeit gewordenen reinen Liebeswillen gelingt es, durch völlig selbstloses Untertauchen in das Innere eines anderen Wesens zurückzutragen in das eigene Wesen echte «Wesens-Innen-Schau» (Intuition). Das eigene Geistwesen erkennt eine Welt von Geistwesen, gegliederte Geistes-Reiche: die Welt dessen, das man von altersher die Hierarchien genannt hat, die Schöpfer-Wesen des Alls.

Hier in der Welt der «geschaffenen Schöpfung» erlebt der Mensch sich als das oberste der Geschöpfe, das höchste Naturreich. Indem er – in Demut und Verehrung, unter Entfaltung aller moralischen Kräfte – den Erkenntnisblick zur «schaffenden Schöpfung» erhebt, erfaßt er sich als das unterste schöpferische Wesen, ein werdendes Glied im Chor der Hierarchien, die neunstufig über ihm erhaben sind und für die hier die im christlichen Vorstellungskreis geltenden Namen angeführt werden sollen:

3. die unterste Hierarchie: Engel, Erzengel, Archai
2. Hierarchie: Exusiai, Dynamis, Kyriotetes
1. die höchste Hierarchie: Throne, Cherubim, Seraphim.

*

Die heutige Wissenschaft ist amoralisch. Selbstverständlich können die sie betreibenden Menschen sehr moralische Menschen sein, sie sind dies dann aber aus anderen Quellen als dem Wissenschaftswesen. Mit tiefer Sorge blickt aber die Menschheit dieses Jahrhunderts auf ihre Wissenschafter hin, denn allzu deutlich erweist sich, wieviele moralische Schwächlinge sich unter ihnen befunden haben und befinden, die zu willenlosen gefügigen Werkzeugen von Machtwille und Fanatismus politischer oder wirtschaftlicher Organisationen geworden sind. Durch ihre Gelehrten sieht sich unsere Zeit in furchtbarer Art an den Abgrund und das Leben der ganzen Erde in Frage gestellt.

Die hier skizzierten Erkenntnismethoden kommen aber überhaupt nur zu ihren Ergebnissen durch Einbeziehung moralischer Kräfte in den Erkenntnisprozeß. Die Wissenschaft der Zukunft wird durch und durch moralisch sein, Moralität ausstrahlen; nur so gelingen die Überwindungen der heutigen Erkenntnisgrenzen. Und aus einer ihre Erkenntniskräfte aus moralischen Kräften bildenden Wissenschaft wird auch eine moralische Technik entspringen.

Der Leser verzeihe die kleine Abschweifung, die aber auf Gebiete deutet, welche eine Menschheitsaufgabe der nächsten Jahrhunderte bedeuten werden. Wir kehren wieder zu unserem astronomischen Thema zurück.

Goethe hat in seinem großen Entwicklungsroman «Wilhelm Meister» in den Makarie-Kapiteln den Ausblick in eine Sternenkunde gegeben, die durch die Entwickelung neuer Erkenntniskräfte entstehen kann, indem ein übersinnliches Mitleben mit dem Sein des Sonnensystems durch das Geistig-Seelische der Makarie sich ergibt. Wilhelm, in den Lebensbereich dieser edlen Frau geraten, wird durch einen ihrer Freunde, der Astronom, Arzt und Mathematiker ist, auf eine kleine

Sternwarte geführt und erlebt, durch das Fernrohr gesteigert, den Anblick der gestirnten Unendlichkeit, vor allem aber des Jupiter mit seinen Monden. Den Venus-Aufgang erwartend, fällt er gegen Morgen in kurzen Schlummer und erlebt in einem ahnungsvollen Traum, der die Sphäre übersinnlicher Geistwirklichkeit streift, etwas von dem wahren, kosmosverbundenen Wesen Makaries, die sich in das ganze Sonnensystem allmählich erweitert und es in inneren Erlebnissen mit erfaßt, worauf ihm der Astronom allmählich das Geheimnis dieser einzigartigen Persönlichkeit eröffnet. Mit diesem Geheimnis ist aber nicht nur ein geistiges Erschauen kosmischer Tatsachen verbunden, sondern dieses «Erreichnis» ist parallel mit einem Erringen großer moralischer Fähigkeiten verbunden. Dadurch hat Makarie die wunderbare Gabe gewonnen, Schicksal in Ordnung zu bringen und ein sonnenhaftes Zentrum lebendig strömender Lebensweisheit nun darzustellen, segensreich für einen großen Menschenkreis.

In dieser Darstellung hat der Künstler Goethe gezeigt, was der Denker Goethe eigentlich mit dem Satz gemeint hat, man solle das Erforschliche erforschen, das Unerforschliche aber still verehren. Damit ist nicht ein Freibrief für träge Geister ausgestellt, an irgendeiner erlebten Grenze die Erkenntnisbemühungen einzustellen; wie könnte man dem Dichter des «Faust» auch derlei zumuten! Sondern ausgesprochen ist: An solchen Grenzen solle man die moralischen Kräfte zunächst stärken; nur der Pfad der Verehrung führt dann weiter, und drei Schritte auf dem Wege moralischer Vervollkommnung sind nötig, wenn man nur einen Schritt auf dem Erkenntnisgebiete weiterkommen will.

«Kosmische Geschichte»
als Ergebnis von Wesenstaten hierarchischer Wesen

Es ließe sich sicher eine Beschreibung der Werke menschlicher Kultur nach dem Muster der Naturbeschreibungen geben, wobei vom Wesen Mensch als dem Planenden, Ausführenden ganz abgesehen würde. Ein Wesen, das von einem fernen Stern käme und wohl Mineralisches, Pflanzen und Tiere sehen könnte, aber keine Menschen, würde Kanäle so beschreiben wie Flüsse, eine Straße wie ein Stück Wüste, einen Garten wie eine Auwiese, einen Weizenacker wie eine Grassteppe, einen Kirchturm wie eine Felsennadel. Jedoch wäre eine solche Darstellung nur sehr eingeschränkt richtig; das Wesentlichste würde in ihr fehlen, die der alles dieses bildenden Wesen. Eine ausgegrabene Ruinenstadt aus dem Altertum würde von einer heutigen Stadt nicht unterschieden. In einer ähnlichen Lage befindet sich aber die heutige Sternkunde. Sie ist ergänzungsbedürftig durch eine Wesensforschung, die zum Hervorgebrachten die hervorbringenden Wesen hinzufügt. Eine solche kann auch erst eine kosmologische Geschichte zustande bringen.

Wir erwähnten schon, daß nach den Ergebnissen der Geistesforschung der uns umgebende Kosmos die vierte Weltschöpfungsstufe ist, der drei andere vorangegangen sind, die Welt des alten Mondes, der alten Sonne, des alten Saturn.

Die alte Saturnwelt beginnt ihr Sein mit einem Weltenopfer. Unendlich über den Menschen erhabene Wesen opfern ihre Willenssubstanz, entäußern sich ihrer und legen damit den Grund zur alten Saturnschöpfung. Es sind dies die Throne, auch Geister des Willens zu nennen, Angehörige der ersten Hierarchie. Die entäußerte Willenssubstanz wird zu einem Wärmehaften. Damit ist ein Weltenbildestoff geschaffen, der nun von den Angehörigen aller Hierarchien, je nach ihren Kräften und Fähigkeiten, ergriffen und gestaltet wird. An diesem schöpferischen Tun wachsen diese Fähigkeiten. Der Wärme-Urstoff wird zum Keim des heutigen physischen Leibes der Menschen. Helfend stehen den Thronen die noch höher stehenden Cherubim (auch Geister der Harmonien) und Seraphim (Geister der Liebe) bei, «die unmittelbar das Antlitz der höchsten, dreieinigen Gottheit schauen». Der Saturnphysis verleihen die Geister der Weisheit (Kyriotetes) ein Scheinleben, indem sie ihre eigenen Lebensprozesse daran spiegeln können; die Geister der Bewegung (Dynamis) geben ihr Schein-Empfindung, indem sie ihre eigene Seelenhaftigkeit an der Saturnsubstanz reflektieren lassen; die Geister der Form (Exusiai, in der Bibel Elohim genannt) strahlen individualisierende Ichkräfte hinzu, die ihnen ebenfalls zurückgespiegelt werden. Dadurch erringen sich die genannten Angehörigen der zweiten Hierarchie höhere Bewußtseinsstufen: Indem sie an der Welt schöpferisch tätig sind, erschaffen sie sich selbst höher. – Durch diese Tätigkeiten wird die Saturnphysis so beschaffen, daß sie einem der drei Glieder der dritten Hierarchie so dienen kann, daran ihre Menschheitsstufe zu durchlaufen, wie der Erdenleib dem heutigen Menschen zu gleichem Zwecke dient. Diese «Menschen des alten Saturn» sind die Archai, auch Urkräfte, Urbeginne genannt. Unter diesen stehen die Erzengel, welche erst den Bewußtseinsgrad des Traumes und die Engel, die erst den des Schlafes erreicht haben. Alle diese Wesen steigen durch die alte Saturnentwicklung um eine Stufe höher. – Als ihre Entwicklungsmöglichkeiten ausgeschöpft sind, endet die Saturnwelt, gibt das physisch-wärmehafte Dasein auf und steigt in eine ganz geistige Daseinsform in den Schoß des Göttlichen wieder empor. Auf den tätigen Weltentag folgt ein «Pralaya» (so nannte die auf Geistesschau beruhende altindische Weisheit einen solchen Zustand), eine Weltennacht, als schöpferische Pause zur Heranreifung neuer Schöpfungsimpulse.

Der heutige Saturn ist etwas wie eine Reminiszenz an diesen alten Saturnzustand. Der ihn umgebende Ring – gegenüber dem wärmebestimmten, alten Saturnwärmezuständen ähnelnden Planetenkörper von dichterer, obgleich immer noch staubfeiner Materie – hatte in früheren Entwickelungszuständen nach Angabe Rudolf Steiners ein kometenschweifartiges Aussehen, schloß sich erst später zum Ring.

Die alte Sonnenwelt entstand nun als «zweiter Satz der Schöpfungssymphonie». In ihr verdichtete sich die Materie bis zur Dichte des Gasigen, Luftartigen; gleichzeitig entstand, als gegenüber dem Wärmehaften höhere Kräfteoffenbarung, das Licht. Der alte Saturn war eine des äußeren Lichtes noch entbehrende Welt gewesen. – Vor allem aber verband sich nach einer kurzen Wiederholung der alten Saturnzustände (wie der sich entwickelnde Keim jedes Lebewesens nach dem biogenetischen Grundgesetz abgekürzt die Stammesgeschichte wiederholt) ein Weltenopfer hoher Wesen mit der werdenden Welt und gab ihr damit den neuen «Sonneneinschlag». Die Kyriotetes, auch Geister der Weisheit genannt, hatten schon auf dem alten Saturn ihre Äthernatur betätigt und ihm dadurch ein Scheinleben verliehen; nun strömten sie ihr Ätherisches aus als Göttergeschenk an die alte Sonne und begabten sie mit wirklichem Leben. Der damalige Menschenkeim, wärme- und luftartig in Physis beschaffen, erhielt dadurch einen Ätherleib und erhob sich damit zur Stufe des Pflanzenseins. Die Menschenstufe aber durchlief damals die Hierarchie der Archangeloi (Erz-Engel). Die Archai, «Menschen des alten Saturn», erhoben sich zu übermenschlichem Sein, der heutigen Engelnatur vergleichbar. – Aber nicht alle Wesen und Substanzen vollzogen diese Entwicklungsfortschritte: Auf der alten Saturnstufe zurückgebliebene, «unbelebte», gleichsam mineralisch gebliebene Wärmesubstanz durchsetzte die Sonnenwelt und bildete ein zweites «Naturreich». Ein Teil wurde sogar ganz aus dem alten Sonnenkörper ausgeschieden und umkreiste diesen wie ein Planet. An diesem Saturnartigen, Wärme-Mineralartigen konnten nun die Archangeloi ebenso ihre Ichkräfte entfalten, ihre Menschenstufe daran erringen, wie dies die Archai auf dem alten Saturn an dessen Wärmenatur getan hatten. – Es sollen hier die Einzelheiten der alten Sonnenentwicklung nicht weiter verfolgt, nur soll abschließend erwähnt werden, daß, nachdem alle an ihr beteiligten Wesen die mit ihr gegebenen Entwicklungsmöglichkeiten ausgeschöpft hatten, diese zweite Schöpfungswelt «entward», sich wieder vergeistigte und in einen neuerlichen Pralayazustand, in die schöpferische Pause einer Weltennacht überging.

Die alte Mondenwelt, die dritte Stufe im Entwicklungsgang des Alls, empfing nach kurzer Wiederholung der zwei ersten Stufen den neuen Schöpfungseinschlag, wiederum durch eine Opfertat hoher hierarchischer Wesen. Die Dynamis, auch Geister der Bewegung genannt, die bestimmte Kräfte ihres Wesens der alten Saturn- und Sonnenwelt hatten von außen zukommen lassen, opferten nun ihre Astralleiblichkeit dem Inneren der werdenden Welt des alten Mondes, die nun nicht mehr bloß Seelisches im Weltall zurückspiegelte, wie die vorhergehenden Schöpfungsstufen, sondern damit innere Seelenhaftigkeit empfing. Der Menschenkeim erhob sich damit zu einem beseelten, fühlenden Wesen, in seiner Entwicklungshöhe etwa zwischen dem heutigen Menschen und dem heutigen Tier stehend. Aber auch alle anderen übermenschlichen Wesen errangen höhere Stufen ihres Seins; höhere Bewußtseinsformen, erhabenere Tätigkeitsgebiete. Parallel mit diesem Höhersteigen ergab sich die Kraft, tiefer hinabzugreifen in das Reich der Materie, dichteren Stoff mit dem Geistigen zu durchdringen, zu gestalten und zu beherrschen. Ja, das Höhersteigen wurde nur möglich, weil der Hinabstieg in tiefere Bereiche des Materiewerdens gewagt wurde. Es verdichtet sich die Mondenstofflichkeit bis zum Flüssigen in seinen verschiedenen Graden; in den Epochen größter Verdichtung gliederte sich ein Holz- oder Hornartiges in die allgemeine flüssige Grundmasse ein. Jedoch bestand zwischen dem Flüssigen des alten Mondes und den heutigen Erdenflüssigkeiten ein großer Unterschied; jene Flüssigkeit war durch und durch lebendige Substanz. Die Mondenschöpfung kannte den Tod nicht – und nicht den mineralisch-festen Zustand. – Der «Mondenmensch» hatte gegenüber der Sonnenstufe einen höheren Bewußtseinszustand; war jene mit einem dem heutigen Schlafzustand vergleichbaren Bewußtseinszustand verbunden, so glich dieser dem heutigen Traumbewußtsein; es war ein Bilderbewußtsein. Nur waren diese Bilder nicht regellos und willkürlich wie die des heutigen Traumes, sondern sie spiegelten in Innenerlebnissen alles, was in der Umgebung vor sich ging; sie gaben dem Menschenvorfahren eine wirkliche Beziehung zu seiner Umwelt.

Die Menschenstufe errangen aber in der alten Mondenwelt die Engel. Unter dem Menschen standen zwei «Naturreiche», durch Wesenskräfte gebildet, die auf der Stufe der alten Sonne und des alten Saturn stehen geblieben waren: ein zwischen Tier und Pflanze stehendes und ein zwischen Pflanze und Mineral stehendes Naturreich. Aus ihnen ernährte sich der Menschenvorfahr des alten Mondes. Daß die Atmosphäre dieses Mondplaneten anders beschaffen war als die heutige Erdatmosphäre, wurde bereits angedeutet; insbesondere wurde auf das Cyan hingewiesen.

Wie mit der Verdichtung der alten Sonne zum Luftartigen die «Geburt des Lichtes» als Gegengewicht verbunden gewesen war, so war mit der Verdichtung des alten Mondes zum Flüssigen das Auftreten des Ton- oder Klangäthers verbunden, der auch der chemische Äther genannt werden kann, da er im Verbinden und Sichtrennen der Substanzen lebt. Die Weltenharmonien wurden im Klang erlebbar; nach ihren Rhythmen und Gesetzen ordnete sich die Substanz. Während die Wesen im Licht nach ihrem Äußeren erscheinen, offenbaren sie im Ton ihr Inneres. Der – nun beseelte – Mensch konnte zum Miterleben der Weltenharmonien kommen.

Nicht alle Wesen machten die Weltenverdichtung bis zur Mondensubstanz mit. Ihre geistige Natur hätte eine solche Materialisierung nicht ertragen. Zu einem gewissen Zeitpunkt der Entwicklung lösten sie die feinsten Substanzen und Prozesse aus dem Mondensein heraus und bildeten daraus eine Zentralsonne, durch die nun der Mondenwelt von außen zukam, was sie in ihrer Innerlichkeit nicht mehr enthalten konnte. Wesen, die auf der alten Saturnstufe stehen geblieben waren, hatten auch eine Wiederholung dieses alten Saturnzustandes in der Loslösung eines Wärmekörpers als eines eigenen Planeten ermöglicht; ein zweiter Planet war eine Wiederholung des alten Sonnenzustandes.

Widergöttliche Wesen

Nicht alle Wesen der Geistwelt «bejahten» den Schöpfungsplan des Erdenwerdens. Wir erwähnten schon, daß auf der alten Saturn- und der Sonnenstufe Wesen zurückblieben, also andere Entwicklungsrhythmen in sich trugen als die im allgemeinen Gang des Weltenwerdens sich ausdrückenden. Wesen des Widerstandes entstanden, schon auf Saturn- und Sonnenschöpfung, besonders deutlich wurde aber ihr Wirken im alten Mondendasein. Rudolf Steiner schilderte ihr Wirken in der «Geheimwissenschaft» z.B. folgendermaßen: «Es blieb aber nicht bei diesem Entwicklungsvorgange. Es geschah etwas, was für alle folgende Entwicklung von der allertiefsten Bedeutung war. Gewisse Wesenheiten, welche dem Mondenkörper angepaßt waren, bemächtigten sich des ihnen zur Verfügung stehenden Willenselementes (des Erbes der Hierarchie der Throne) und entwickelten dadurch ein Eigenleben, das sich unabhängig gestaltet von dem Sonnenleben. Es entstehen neben den Erlebnissen des Mondes, die nur unter dem Sonneneinflusse stehen, selbständige Mondenerlebnisse; gleichsam Empörungs- oder Auflehnungszustände gegen die Sonnenwesen. Und die verschiedenen, auf Sonne und Mond entstandenen Reiche, vor allem das Reich der Menschenvorfahren, wurde in diese Zustände hineingezogen. Der Mondenkörper schließt dadurch, geistig und stofflich, zweierlei Leben in sich: Solches, das in inniger Verbindung mit dem Sonnenleben steht, und solches, welches von diesem «abgefallen» ist und unabhängige Wege geht.» Der Mensch kommt dadurch zur Möglichkeit viel größerer Selbständigkeit. In seiner Natur geraten zwei Weltprinzipien in Kampf. Durch den Einfluß der Sonnenwesen wird ein Ausgleich geschaffen, indem die stoffliche Organisation, die jene zu eigenwillige Selbständigkeit ermöglichte, zerbrechlich, vergänglich gemacht wird. So muß auch das Widergöttliche sich dem weisheitsvollen Schöpfungsplan einordnen und ihm dienen. Die dem normalen Gang der Mondenentwicklung sich entgegenstemmenden Wesen können luziferische Wesen genannt werden; ihnen ist eine andere Klasse von Wesen zur Seite zu stellen, die schon auf der alten Sonnenstufe «abgefallen» waren vom göttlichen Schöpfungsplan und die ahrimanische Wesen genannt werden können, entsprechend den Namen alter, auf geistiger Schau beruhender religiöser Mythen.

Die alte Mondenentwicklung löst sich, als sie ihre Ziele erreicht hat, wieder auf, wird vergeistigt, geht in einen «Pralayazustand» über. Die an ihr beteiligten Wesen verarbeiten alles Geschehene zu neuen Fähigkeiten und reifen neue schöpferische Entschlüsse heran. Ein neuer Schöpfungseinschlag erfolgt, und so kann nach einer Zeit rein geistigen Daseins eine neue Weltenschöpfung, die des Erdendaseins, aus dem Schoß des Göttlichen ausströmen.

Weltkörper und hierarchische Wesensbereiche der Erdenschöpfung

Auch die Erdenwerdung geschieht zunächst als abgekürzte Wiederholung der vorhergegangenen Schöpfungsstufen. Dabei bleibt wie ein «Denkmal» der alten Saturnentwicklung die heutige Saturnsphäre zurück, die den ganzen Raum einnimmt, der von der Saturnbahn umgrenzt wird. Man muß hierbei Planetensphären unterscheiden von den physischen Planetenkörpern, die nur eine besondere Verdichtung dieser Sphäre darstellen und das sinnlich Wahrnehmbare dieser Sphäre sind, die selbst ein übersinnliches Kräftegewebe ist. Während die einzelnen Planeten als voneinander getrennte Gebilde sich zeigen, durchdringen sich ihre Kraftsphären; auch die Erde mit allen ihren Bewohnern «steckt in ihnen drinnen, und so kann der Kosmos ein großes lebendiges Ganzes sein», wo «alles sich zum Ganzen webt, eins in dem andern wirkt und lebt» (Faust I, Nacht). – Ein riesiger einheitlicher Weltenkörper, der Sonne, Planeten, Monde noch in sich enthält, steht am Anfang der Erdenschöpfung; er verdichtet sich langsam, indem er noch einmal rasch die Saturn-, Sonnen-, Mondenstufe durchläuft, zum Wärmehaften, Luftigen, Flüssigen. Als «Erinnerung» an die alte Saturnstufe bleibt der heutige Saturn zurück, in ihm bilden die Wesenheiten ein Wirkungszentrum, die die alte Saturnschöpfung dirigiert hatten, die Throne oder Geister des Willens; mit ihnen sind alle die Wesenheiten, die eine stärkere Verdichtung der Weltensubstanz nicht hätten ertragen können. – In ähnlicher Art hinterbleibt bei Wiederholung der alten Sonnenentwicklung die heutige Jupitersphäre, mit der sich die Dirigenten der alten Sonnenentwicklung, die Kyriotetes (Geister der Weisheit) verbinden. Nun tritt ein dramatisches Ereignis, das der Abtrennung der heutigen Sonne mit ihren erhabenen Wesenheiten, ein. Ihrem stürmischen Entwickelungsschritt hätte die Erde mit ihren Wesen nicht standhalten können, mit der immer dichter werdenden Erdenmaterie hätten die Sonnengeister – die Exusiai, Geister der Form, vor allem – sich nicht verbinden können. Sie bildeten das Zentralgestirn der neuen Welt und erteilten ihr den entscheidenden Schöpfer-Einschlag; ein Weltenopfer geschah auch hier. Die Geister der Form opferten jenen Teil ihrer Wesenskräfte, der den Menschen mit dem Feuerfunken der Ichhaftigkeit begabte.

Indessen zog sich der Erdenkörper weiter zusammen, verdichtete sich in Wiederholung der alten Mondenentwicklung zum Flüssigen, hinterließ dabei als Reminiszenz an den alten Mondenzustand den Marsplaneten mit der Marssphäre. Mit ihr verbanden sich die Initiatoren der alten Mondenschöpfung, die Dynamis (Geister der Bewegung). Nun kam es – als materieller Gegenpol zu der geistigen Individualisierung des Menschen (Ich ist ja eigenständig gewordener Geist) – zur Verdichtung bis zum Festen, jener Form der Materie, die jeder Stofflichkeit ein in sich beruhendes Sondersein mit Dauergestalt ermöglicht, wie sie in den Kristallgestalten sich am deutlichsten ausprägt. Allerdings kam es damit auch zur Möglichkeit der Absonderung, Abschnürung des Menschen-Ich vom geistigen All (Sündenfall), der Erdenmaterie von den ätherischen Kraftsphären des Kosmos. Der Verdichtungsprozeß überschritt das der Erdenentwicklung zuträgliche Maß; in einem dramatischen Reinigungsprozeß wurde von der Erde alles ausgeschieden, was zu starke Erstarrungs- und Verhärtungsimpulse in sich trug, und als heutiger Erdenmond zu einem nur mehr von außen Wirksamen gemacht. Zwischen Erde (Mond) und Sonne fanden nun die Wesen der dritten Hierarchie ihre Wirkungszentren, während zwischen Sonnen- und Saturnsphäre die Wesen der zweiten Hierarchie zu suchen sind. Von der Saturnsphäre angefangen wesen die Glieder der ersten Hierarchie, Throne, Cherubim, Seraphim – wobei jene beiden letzteren insbesondere die Aufgabe tragen: die Verbindung des Sonnensystems mit dem übrigen außer ihm wirkenden und seienden All, der Sphäre der Fixsterne, herzustellen.

*

Es konnte mit dem Vorangegangenen nur eine außerordentlich primitive Skizze, eine zum Äußersten zusammengedrängte Darstellung der geisteswissenschaftlichen Forschungsergebnisse Rudolf Steiners wiedergegeben werden. Nur soviel wurde davon herangezogen, als für die Darstellung der Kometennatur unbedingt notwendig ist. Der Leser sei hier nachdrücklich auf die ausführlichen, von immer neuen Richtungen an dieses Grundproblem menschlichen Forschens, an die Kosmogonie, die Werdegeschichte von Weltall und Menschheit heranstrebenden Darstellungen anthroposophischer Forschung aufmerksam gemacht.* Die vorhergehenden Ausführungen dieses Büchleins maßen es sich nicht an, diese Darstellungen ersetzen zu können. Sie möchten nur deren Licht mit einigen kräftigen Strahlen auf das Problem fallen lassen.

* Siehe Literaturverzeichnis im Anhang.

Die Stellung der Kometen
in den Wesensbereichen des Kosmos

Es wurde bereits darauf hingewiesen, wie die Kometen, aus einem Weltengebiet jenseits des Sonnensystems kommend, sich zu einem – man möchte sagen – halbmateriellen Substantiellen verdichten, die Sonne umkreisen und (mit den wenigen Ausnahmen der periodischen Kometen, von denen später noch einiges zu berichten ist) sich wieder in die Unendlichkeit hinaus bewegen, auflösen, verschwinden.

Während ihres sichtbaren Auftretens scheinen sie der strengen Gesetze des Sonnensystems zu spotten, tragen in dieses etwas Fremdes, Andersartiges herein, Impulse von jenseits unserer Weltensphäre. Die geistige Forschung ergibt nun, daß Wesen der ersten, der höchsten Hierarchie im Kometendasein besonders wirksam sind: Seraphim, Cherubim und Throne. Es tragen ja die Seraphim und Cherubim dafür Sorge, daß das Sonnensystem in fortwährender Verbindung bleiben kann mit dem ganzen übrigen Universum. Die Throne, welche den ersten Entwicklungsanstoß zur Bildung unseres Systems mit der Einleitung der alten Saturnentwicklung gegeben hatten und im heutigen Saturn mit seiner Ringbildung ein Wirkungszentrum besitzen, haben in den Cherubim (Geistern der Harmonien) und Seraphim (Geistern der Liebe) immer ihre mächtigen Helfer gehabt. Mit der Saturnbahn umkreisen und umgrenzen sie unser Sonnensystem und sind damit an der Grenzschicht zwischen Innen und Außen dieses Teiles des Kosmos. (Die noch weiter außen gelegenen Planeten Uranus und Neptun sind nach Rudolf Steiner nicht im gleichen Sinne Glieder unseres Systems, sind nicht aus seiner Entwicklung von innen heraus gebildet, sondern ihm von außen angegliedert. Dies zeigen z. B. die anderen Bewegungsgesetze ihrer rückläufigen Monde. Der 1950 entdeckte Pluto ist ihnen zuzuzählen.) Der Saturnring weist auf die innere Beziehung des Saturn, nicht nur zu dem Inneren, das er umgrenzt, sondern auch dem Äußeren, von dem er umschlossen ist. Dieser Ring hat sich – nach einer Äußerung Rudolf Steiners – einst kometenschweifartig in den Raum erstreckt und sich erst dann zum Ring zusammengeschlossen, als unser Sonnensystem sich vom übrigen Universum zu eigenständigem Sein abgetrennt hatte. – Wir erwähnten schon (s. S. 8), daß man der Kometenhülle heute eine ähnliche Struktur zuschreibt wie den Saturnringen. Die flüchtige Kometenbildung hat also etwas Verwandtes mit jenen ersten saturnischen Weltbilde-Impulsen; in ihr leuchten Keime zu Bildungen auf, in denen die alte Saturnschöpfung sich wiederholen möchte. Es will sich damit etwas längst Vergangenes neu manifestieren, und darin liegt ein «luziferischer» Zug. Geister des Willens, aber zurückgebliebene, sich gegen den normalen Entwicklungsgang stemmende luziferische Geister des Willens, verbinden sich mit der Kometenerscheinung.

Nun hat ja die alte Saturnschöpfung es bis zu jener Entwicklungshöhe gebracht, die heute im Reich des Mineralischen sich offenbart (nur hatte die Substanz jener mineralverwandten Formungen bloß den äußerst feinen Zustand des Wärmeartigen). Die Beziehung zum mineralischen Sein haben die vorhin erwähnten luziferischen Willensgeister sich bewahrt. Darum gliedert sich dem Kometen, wenn er unser System durchfährt, bis zu einem gewissen Grade physische Substanz an. In ihrer dichtesten Form kann sie dann, die Erdensphäre kreuzend, Anlaß zu Meteorerscheinungen und Meteoritenfällen geben. Aber nicht nur in der Wiederverwirklichung alter Saturnimpulse, sondern – wie bereits erwähnt – auch alter Mondenimpulse zeigt sich die luziferische Seite der Kometennatur, im Cyangehalt, in dem den Erdengesetzen sich Entziehenden usw.

Das Sein des Universums ist nicht so weltenfern, wie die ungeheuren Räume vermuten lassen, die Fernrohr und astronomische Rechnung uns vorzustellen zwingen. Geistige, seelische, ätherische Wirkungen durchkraften, durchströmen, durchpulsen unser Sein. Daß aber außer jenen übersinnlichen Wirkungen auch halb überphysisch, halb physisch beschaffene Verbindungen sich ergeben, dafür sorgen die luziferischen Geister des Willens in den kosmischen Sendboten der

Kometen. Zunächst geben die Kometen dem Geistesforscher die Impression des alten Saturnzustandes, leuchten wie eine «kosmische Erinnerung» an ihn auf, streben dann auf die Sonne zu, aber auf anderen Raumbahnen als alle anderen Wandelsterne, entwickeln da besonders ihr Lichtwesen und erinnern somit an die alte Sonnenentwicklung, die ebenfalls von einem zurückgebliebenen Saturnhaften umkreist wurde. Sodann zeigen sie zwar, daß sie im Durchgang durch unser System die gegenwärtige Materialität des Sonnen-Erden-Systems angenommen haben, an Erdenschwere und Sonnenleichte partizipieren, aber in bezug auf Bewegung und Wesen auf der Stufe der Naturgesetzlichkeit stehen geblieben sind, die unsere Welt auf der «alten Mondenstufe» hatte.

Diese alte Mondenstufe erhob ihre Geschöpfe auf eine neue Höhe, indem sie den Menschenvorfahren mit Seelenhaftigkeit begabte; es wurde bereits erwähnt, daß die Geister der Bewegung es waren, die ihre Astralsubstanz der neuen Welt opferten. Es fehlte aber den Seelenkräften der «Mondenmenschen» der führende, gestaltende Geistkern, das Ich; höhere Wesen, besonders aus der dritten Hierarchie, mußten die Aufgabe der Lenkung und Beherrschung dieser Seelennatur übernehmen. Trieb, Begierde, Leidenschaft und wie die elementaren Seelenkräfte alle heißen, hätten sich sonst im Übermaß, unharmonisch betätigt, hätten mit zerstörender Gewalt gewuchert. Als die Erdenentwicklung begann und der Mensch die alte Mondenentwicklung (in der sogenannten lemurischen Epoche der Erdenentwicklung) wiederholte, wurde ihm die «Tierheit» seiner kosmischen Vergangenheit zur Entwicklungsbedrohung, die den in ihn versenkten Ich-Keim zu ersticken drohte. Die leitenden, behütenden höheren Wesen mußten ja allmählich, um die Entwicklung dieses Ich zu ermöglichen, immer mehr dieses Ich sich selbst überlassen. Durch den Eingriff luziferischer Wesen erfolgte diese Selbständigwerdung zu früh; die Verführungsgeschichte im Paradies der Bibel spricht dies in großen, lapidaren Bildern aus. Die Bezähmung, Läuterung der Astralkräfte ist eine Aufgabe, mit der das Menschen-Ich auch heute noch gewaltig zu ringen hat. «Wer bezwingt aus eigner Kraft der Gelüste Ketten?»

Die reinigende Aufgabe der Kometen

In die Astralsphären des Kosmos dringt daher fortwährend hinaus, was der Mensch an Irrtum und Bösem in seinem Seelenwesen erzeugt. Da sein Ich in die Aufgabe der Freiheit gestellt ist, hat er auch die Möglichkeit, in Irrtum und Bösem zu leben. Da aber nur im Physischen die Erdendinge so getrennt sind, wie unsere Sinne sie erleben, und schon im Ätherischen Ineinanderweben, Ineinanderkraften der Ätherleiber der Wesen mit ihrer ätherischen Umgebung stattfindet, noch mehr aber im Astralischen, so würde die «seelische Luft» der Erde, sodann die Astralität des Kosmos durch dieses vom Menschen ausströmende schädliche Astralische gleichsam vergiftet. Dieses Schädliche bedarf reinigender Gewalten; und insbesondere die luziferisch gearteten Schädlichkeiten astralischer Natur werden durch die Kometenerscheinung aus dem Sonnensystem herausgeschafft. Das geistige Kraftzentrum der Kometen hat eine Anziehungskraft für diese Astralsubstanz, es schafft sie, die ja ihre Entstehungsmöglichkeit aus der nicht richtig fortentwickelten alten Mondennatur des Menschen hat, kraft seiner eigenen Beschaffenheit fort. Wie ein reinigendes Gewitter die schwülen Dünste zerstreut, die eine brütende Wärme über der feuchten Erde erzeugt hat und die alle Lebensregung hemmten und lähmten, so zieht die Kometenerscheinung durch unser System, den Seelenraum reinigend, die Reinheit wieder herstellend.

Kometenprozesse und Menschenprozesse

Um sein wahres Wesen, seinen Geistkern, seine Ichhaftigkeit richtig entwickeln zu können, bedarf der Mensch der Möglichkeit zur Freiheit. Als erkennendes Wesen findet er diese Möglichkeit nicht; eine gewordene Welt anzuschauen, zu durchschauen, macht ihn erst zum Zuschauer des Weltenprozesses. Er muß zum tätigen, wollenden, schöpferischen Wesen werden können, er muß am schöpferischen Fortgang des Weltenwerdens sich aktiv beteiligen können. Dies hat drei Vorbedingungen:

Des Menschen eigenes Wesen muß so beschaffen sein, insbesondere alles das, was mit der Entfaltung seiner Ichkräfte zusammenhängt, daß Freiheit möglich wird.

Die den Menschen umgebende Welt muß so aufgebaut sein in ihrem ganzen Wesen und allen ihren Kräften, daß sie für ein so geartetes Menschenwesen Platz hat, ihm Raum für seine Freiheits-Entfaltung läßt.

Zwischen dem Freiheit verwirklichenden und schöpferisch wollenden Wesenskern des Menschen und der «Rohstoff» für sein schöpferisches Freiheitswollen abgebenden Welt muß ein Vermittelndes stehen, das ebenso gut dem Menschen wie der Welt angehört, ein Element, in dem er, indem er sich ergreift, zugleich die Welt ergreift: ein Werk-Zeugliches im echtesten Wortsinn, durch das er in das Götterwerk Außenwelt seine Werke zeugen kann.

Die erste genannte Bedingung ist dadurch erfüllt, daß dem menschlichen Erkenntnisprozeß eine eigentümliche Form gegeben ist. Er muß nämlich Schritt für Schritt, Stück für Stück errungen werden. Schon darin lebt die Freiheit unseres Wesens, daß uns sowohl Welt- als auch Selbsterkenntnis nicht von vornherein geschenkt sind, sondern daß sie mühevoll errungen werden müssen. Die Anschauung durch Sinne jedweder (auch seelischer und geistiger) Art gibt uns, von außen her, nur einen Teil der Welt, eine Hälfte, die dadurch rätselhaft ist. Unser Erkennen beginnt immer mit dem Erleben des Weltenrätsels. Wir müssen uns einen zweiten Zugang von innen her zu der zweiten Hälfte der Welt bahnen. Von außen her erleben wir Wahrnehmungen. Von innen her müssen wir Begriffe bilden, zu jeder Wahrnehmung den zu ihr passenden. Im Zusammenfügen von Wahrnehmung und Begriff entsteht für uns erst Erkenntnis; sie muß also von uns durch und durch gewollt sein. Im Erkennenwollen sind wir also frei. Eigentlich aber nur halbfrei, denn den Wahrnehmungsteil der Welt müssen wir als gegeben hinnehmen, er «fällt uns in die Augen». Außerdem hängt er von der Beschaffenheit von Sinnen ab, die wir nicht selbst geschaffen haben. Und in solcher Form wird uns die Welt *aufgenötigt*. Wirkliche Freiheit wäre nur dort, wo wir nicht nur den Begriff, sondern auch die Wahrnehmung und das zu ihr gehörige Sinnesorgan erschaffen würden. Dies ist allerdings in einem Punkte möglich, und in ihm erfassen wir das Weltenwerden an einem Zipfel, er ist Pforte zum Reich der Freiheit, archimedischer Punkt, wo wir den Freiheitshebel ansetzen können; dieser Punkt ist die Erkenntnis des Erkenntnisprozesses selbst («Ihr werdet die Wahrheit erkennen, und die Wahrheit wird Euch frei machen»). Wenn das Denken Wahrnehmungsobjekt wird, so habe ich in ihm ein Stück Welt, das mir restlos durchsichtig ist, weil es in allen Einzelheiten durch mich, und durch mich allein, da ist. Es hat nur den Inhalt, den ich ihm gebe. Kein fremdes Wesen hat einen anderen Inhalt in es hineingelegt. Das «Denken über das Denken» ist nicht nur der archimedische Punkt für die «Philosophie der Freiheit», sondern auch für die Wirklichkeit der Freiheit.

Die zweite Bedingung ist durch die Art des Aufbaues unserer Außenwelt erfüllt. Diese, das Erdendasein und die in ihm mit wirksame kosmische Welt, stehen nämlich einerseits unter der strengen Herrschaft von Kraftabläufen und Kraftgestaltungen (Dingen), die wir in der Form von Naturgesetzen erfahren. Strenge, ja starre, unveränderliche Gegebenheit stellt sich uns da entgegen. Den Gesetzen von Schwere, Fall, magnetischer und elektrischer Anziehung und Abstoßung, Lichtbrechung, Wärme-Ausdehnung und Kältezusammenziehung usw. ist alle Stofflichkeit unterworfen. Kräftewelt und die sie offenbarende Ding-Welt (Materie) stehen im genauesten Zusammenhang. Jedoch gibt es Weltgebiete, in denen die Form der Naturgesetzlichkeit viel unbestimmter, loser zu sein scheint. Die Wetterbildung, plötzliche und unvorhersehbare Naturkatastrophen und nicht zuletzt das Auftauchen der Kometenerscheinungen sprechen von einem Weltenwirken, das jenes erstere durchkreuzt. Alte, anderen Daseinsgesetzen unterworfene Zustände machen sich geltend; ein Einstiges, aber noch nicht Vergangenes, mindestens nicht gänzlich Vergangenes stellt sich dem «normalen» Entwicklungsgange in den Weg, nimmt ihm etwas von seiner starren Vorbestimmtheit; es ist «unberechenbar», nicht vorauszubestimmen. Wir vermögen wohl vorauszusagen, wie im kommenden Jahr Mond- und Sonnenfinsternisse eintreffen werden, nicht aber, wann und wie Kometen auftreten werden. – Ein weiteres, grundwichtiges Element in der Architektonik des uns gegebenen Weltenbaues ist ins Auge zu fassen; es zu entdecken kann zu einem der großartigsten Erlebnisse des Erdendaseins werden. Die Welt ist nämlich nach dem Prinzip der Polarität gestaltet. Urgegensätzlichkeiten sind in ihr wirksam, die in der allermannigfaltigsten Weise zu einem Dritten, zu Gleichgewichten, zusammengefaßt sind. Die ganze Erde mit Polen und Äquator, jedes ihrer Wesen, die unbelebte Welt mit höchsterformten Kristallen und formlosen Gasen, die Pflanze mit Wurzel und Blüte, das Tier mit Sinnes- und Stoffwechselorganen, der Mensch mit Erkenntnis- und Tätigkeitswerkzeugen (Haupt und Gliedern), sie alle zeigen das Geheimnis eines polaren Aufbaus, zwischen welche Polarität ein ausgleichendes Drittes immer geschaltet ist. Kurz: Die Erde und alle ihre Geschöpfe sind nach dem Prinzip einer Dreigliederung gestaltet. Dadurch stoßen Wirkungen und Gegenwirkungen aufeinander, schwächen einander ab und geben der Möglichkeit einer völligen Neutralisation Raum, wenngleich der Ausgleich zumeist rhythmisch erfolgt, indem abwechselnd bald der eine, bald der andere Pol Übermacht gewinnt. Die Waage ist das Urbild solches sich Paralysierens von Kraft und Gegenkraft. Dadurch entsteht im Hypomochlion, in der Gleichgewichtslage die Möglichkeit des freien Spieles. Mögen die beiden Waagschalen einer Waage auch mit großen Gewichten belastet sein, die zu heben dem Wägenden unmöglich ist, wenn er sie einzeln ergreift; an der Zunge der Waage bewegt er sie spielend. Einrichtungen können durch das gegenseitige «Ausspielen» der Naturkräfte getroffen werden, die dem schöpferischen Willen den Eingriff in seine Umwelt ermöglichen; die ganze menschliche Technik beruht auf dem Aufbau solcher Tätigkeitswerkzeuge. Meist meint der Mensch, durch solche Einrichtungen die Natur zu überlisten, wenn er z. B. im Schöpfrad das fallende Wasser sich selbst wieder hinaufheben läßt; doch sollte er besser dankbar anerkennen, daß er in eine Welt hineinversetzt ist, in der die Entfaltung seines Wesens zur Freiheit möglich ist.

Ein drittes ist nun dazu noch notwendig, ein Urwerkzeug gleichsam, ganz ihm zugehörig und zugleich Teil der Welt, ein Gebilde, in dem er Welt erfaßt, wenn er sich erfaßt, ein Etwas, das der Stoffeswelt angehört und doch seinen geistigen Impulsen gehorsam ist, das sich also gleichsam magisch betätigen läßt. (Magie ist ja das Ausüben geistiger Impulse unmittelbar in die Materie hinein.) Dieses Etwas, dieses wahrhaft wunderbare Gebilde ist die menschliche Leiblichkeit.

Dieses Urwerkzeug des Menschengeistes gibt in einem Teil seines Wesens der Außenwelt mit ihren Kräften vollen Zutritt; es erlaubt, daß sie «Golfe» ihres Wesens in es hinein erstreckt. Zu diesem Zwecke zieht sich das Geistig-Seelische zum Teil aus den für solche «Golfbildungen» vorgesehenen Teilen des Organismus zurück und läßt sie von den Außenweltkräften mitformen. Das Auge wird «am Lichte für das Licht», das Ohr «am Tone für den Ton» usw. gebildet. Die so gebildeten Organe gehören nur halb dem Menschen, halb aber der Welt an. Sie sind dadurch den vollen Kräften des Organismus entzogen, nicht so durchlebt wie die inneren Organe, sind damit Absterbekräften, Abbauprozessen ausgeliefert. Die Außenwelt trägt ja in sich nur die Kräfte, die menschliche Leibesform zu zerstören; dies beweist sie am Leichnam. Das in den Sinneswerkzeugen frei gewordene Geistige kann nun bewußtes Miterleben am Geschehen der Außenwelt werden.

Allerdings wird ihr Wesen hierbei zum Bild abgeschwächt. Es tritt die früher erwähnte Spaltung der Wirklichkeit ein, die Sinneserlebnisse geben uns nur die halbe Wirklichkeit. Das Gesehene am Baume ist noch nicht der wirkliche Baum; es ist erst das Rätsel Baum, das wir «erforschen» müssen, um es zu lösen, woran Botanik, Biologie, Physiologie etc., seit die Menschheit denkt, am Werke sind.

Wäre der Menschenleib nur so beschaffen, er gäbe wohl Gelegenheit, die Welt wahrzunehmen und zu erkennen, nicht aber, in ihr wollend tätig zu sein, sie umzugestalten und neuzugestalten. Dazu bedarf er nicht nur der Erkenntnis- sondern auch der Willensorgane. Diese sind nun gänzlich anders beschaffen. Nicht ragt die Welt in sie hinein, sondern sie ragen in die Welt hinaus. Nicht die Weltprozesse bekommen zu jenen Organen Zutritt, sondern das Geistig-Seelische. Es nimmt nicht, wie in den Sinnesorganen, vom Leiblichen Abstand (im Sehen erlebe ich ja nicht das Auge, sondern die Außenwelt); es taucht im Gegenteil ganz besonders intensiv in die Leiblichkeit unter, so intensiv, daß es als Geistiges für unseren Erkenntnisblick zunächst ganz verschwindet. Wir vermögen wohl genau Rechenschaft uns abzulegen, warum und wie wir Gedanke an Gedanke setzen, um einen Gedankengang zu tun, nicht aber, wie wir es bewerkstelligen, den Impuls, das Bein vorzusetzen, in die tatsächliche Bewegung umzusetzen. Indem das Geistige unseres Wesens sich derart intensiv mit unserem Leiblichen verbindet, taucht es in Bewußtlosigkeit über sein eigenes Tun. Nur von außen läßt sich feststellen, daß damit gewisse Stoffwechselleistungen, die Einleitung von «Verbrennungsprozessen», die Entwickelung von Wärme, eine Verstärkung des Blutzustromes zum bewegten Organ verbunden sind; unser Geistig-Seelisches «verschläft» alle diese Vorgänge und wacht erst im Anblick des Geschehenden, Geschehenen auf, indem es diese durch die Sinnesorganisation wahrnimmt – wie jedes andere äußere Geschehen. Man vergleiche, wie man das Gehen eines bestimmten Weges bei dunkler Nacht ganz anders erlebt als bei Tage; man zweifelt zuletzt am eigenen Tun, meint es zu träumen – weil die Kontrolle durch das Auge fehlt.

Bedürfen wir des Elementes kühler Besonnenheit, um als Wahrnehmende, als denkend Verarbeitende des Wahrgenommenen uns zu verhalten, so lebt der Wille in «feuriger» Betätigung. Feine Salzbildungsprozesse begleiten leiblich die erstere, feine «Verbrennungsprozesse» die letztere Seite menschlichen Lebens. Es sei nun die Betrachtung auf gewisse Seiten dieser Leibesprozesse gelenkt. Das Stoffesgeschehen im Menschenleibe hat eine eminente geistig-seelische Seite. Wir haben eben angedeutet, wie es ganz anders verläuft, wenn das Geistig-Seelische sich wollend mit ihm verbindet oder erkennend aus ihm herauslöst. Es wird dies alles – was ja zunächst dem Grundthema unseres Büchleins, der Kometennatur, recht fern zu liegen scheint – hier deshalb in den Betrachtungskreis gezogen, weil hier der Cyanprozeß im Menschen auftaucht, den wir vorhin im Kometenspektrum aufgefunden haben und der auch im Meteoreisen aufzusuchen ist (nach einem Hinweis Rudolf Steiners). Wie der Cyangehalt der Kometenatmosphäre vom Geistesforscher aufgefunden worden ist, unabhängig von der spektroskopischen Entdeckung*, so hat Rudolf Steiner bereits Anfang der Zwanzigerjahre dieses Jahrhunderts konkrete Angaben über Cyanprozesse im menschlichen Stoffwechsel und ihre Bedeutung für die Ermöglichung der freien Willensbetätigung unserer Glieder gemacht. Es ergibt sich dadurch ein besonderer Zusammenklang menschlicher und kosmischer Prozesse. Die Bedeutung der Kometenerscheinungen für das Erdengeschehen wird von einer ganz neuen Seite her beleuchtet. Das Cyan, sonst nur als eines der furcht-

---

* Siehe: *Sternkalender* 1985/86. – Hierzu teilte Herr Prof. Dr. Friedrich Gondolatsch vom Astronomischen Rechen-Institut in Heidelberg dem Herausgeber mit:

«Die erste visuelle Beobachtung eines Kometenspektrums stammt aus dem Jahre 1864; die erste photographische Aufnahme gelang W. Huggins in Upper Tulse Hill (England) am 24. Juni 1881 bei dem Kometen Cruls-Tebbutt 1881 b = 1881 III. Die in den Kometenspektren immer mit großer Helligkeit auftretende Bande des Zyan liegt im nahen Ultraviolett, etwa bei der Wellenlänge 3883 Ångström; eine schwächere Bande liegt im violetten Farbbereich bei 4216 Å; eine dritte, an Helligkeit noch schwächere Bande liegt noch weiter im Ultraviolett, bei 3590 Å. Alle drei Banden gehören zum zweiatomigen Zyan-Radikal CN.

Wegen der Lage im Ultraviolett konnten die hellen CN-Linien nicht entdeckt werden, solange man die Kometenspektren nur visuell beobachtete. Aber gleich

barsten Gifte bekannt, spielt eine wichtige Helferrolle für die freie Willensentfaltung. Entdeckungen der letzten Jahre beginnen auch hier zu bestätigen, was mit den Mitteln geistiger Forschung bereits vor Jahrzehnten vorausgesagt worden ist. Es ist also folgerichtig, wenn unsere Studie sich nun der Betrachtung des Cyanprozesses zuwendet.

auf der ersten Photographie eines Kometenspektrums 1881 waren diese Linien (und auch die Linien bei 4216) als ganz auffällige Erscheinung zu sehen. Wirklich erstaunlich ist, daß der Entdecker Huggins diese Linien auch gleich richtig dem Zyan zuordnete; er hatte sehr gute Laboratoriums-Wellenlängen der Kohlenstoff-Verbindungen zur Verfügung, die ein paar Jahre vorher von den englischen Spektroskopikern Liveing und Dewar erhalten worden waren.

Noch vor 1900 erschienen dann noch 6 Kometen, die so hell waren, daß man ihre Spektren photographieren konnte: 1892 I, 1893 II, 1894 II, 1895 IV, 1896 I, 1899 I. Bei allen wurden, besonders von W. W. Campbell am Lick-Observatorium, die CN-Banden als sehr helle Erscheinung beobachtet. In den Jahren 1888–1893 waren die Laboratoriums-Untersuchungen von Kayser und Runge erschienen, die die weiteren Identifizierungen der Linien in den Kometenspektren erleichterten und sicher machten.»

Der Cyanprozeß im Erden- und Menschengeschehen

Unter dem Einfluß starker Wärmewirkungen bekommen Kohlenstoff und Stickstoff den Impuls, sich miteinander zu verbinden. So bildet sich Cyan und Cyanwasserstoff, Blausäure, im Hochofenprozeß und bei der Leuchtgaserzeugung. Das Leuchtgas muß darum sorgfältig von seinem Cyangehalt befreit werden, was durch eisenhaltige Reinigungsmassen geschieht, da Cyan eine starke Affinität zu Eisenverbindungen besitzt. Darum sind Cyan und Blausäure so furchtbare Atmungsgifte, da sie sich mit dem Eisen des roten Blutfarbstoffes verbinden und ihm die Atmungskraft nehmen. Blausäurevergiftung ist eigentlich eine blitzschnelle Erstickung. Das Atemzentrum wird gelähmt, der belebende Sauerstoff kann nicht mehr aus dem Blut die lebenswichtigen Organe ergreifen. – Ferner bilden sich Cyanverbindungen beim zerstörenden Eingriff von Wärmeprozessen in Eiweißsubstanz, z. B. wenn man Leder, Horn, Wolle, Blut bei Luftabschluß mit Alkalien (Pottasche z. B.) erhitzt. Dicyan $(CN)_2$ ist ein farbloses, stechend riechendes Gas, das bei $-20{,}7°$ sich verflüssigt, bei $-34{,}4°$ erstarrt und mit schön purpurner, sehr heißer Flamme verbrennt. Der Cyanwasserstoff, Blausäure, ist eine farblose, bewegliche, bei $+25{,}7°$ siedende, bei $-13{,}0°$ erstarrende, nach bitteren Mandeln riechende Flüssigkeit, die ebenfalls mit purpurbläulicher Flamme verbrennt. Beide Stoffe sind also sehr flüchtig, gehören somit dem Luftbereich zu; für die heutigen Lebensverhältnisse sind sie furchtbare Gifte, wie bereits erwähnt.

Umso mehr muß es verwundern, Cyanprozesse in Lebenstätigkeiten von Pflanze, Tier und Mensch ganz universell auftreten zu sehen. Dadurch wird diese Substanz, die damit einen universellen Hintergrund gewinnt, sehr rätselhaft. Kohlenstoff, Sauerstoff, Stickstoff, Wasserstoff – dazu der im Lebendigen überall gegenwärtige Schwefel –, sie sind ja die Elemente, die zuletzt übrig bleiben, wenn der Chemiker das lebendige Eiweiß völlig zerstört. Es ist seltsam und will etwas aussagen, daß die heutige Luft alle die Elemente in toter Form in sich enthält, die man bei Zerlegung des Eiweißes auch findet. Wir kommen darauf noch zurück, wollen aber den Faden des Cyanprozesses durch die Naturreiche zunächst noch weiter verfolgen, als eine bedeutsame Tatsache aber vermerken, daß in der Cyanbildung der Stickstoff unmittelbar, ohne vermittelndes Element, an den Kohlenstoff herantritt. Stoffe solcher Eigenart erweisen sich aber für die Tierwelt und den Menschen als heftige Gifte – z. B. auch die Alkaloide, die Giftprinzipien solcher Pflanzen wie Mohn, Bilsenkraut, Schierling usw. Auch darauf soll später noch eingegangen werden.

Cyan im Pflanzenreich

Im Bereich der niederen Pflanzen – Algen, Moose – hat man bisher keine Cyanverbindungen gefunden, wohl aber in Hutpilzen und Farnen. Die höher stehenden Pflanzen aber enthalten vielfach erhebliche Mengen davon. In Phasen intensiver Eiweißbildung tritt Cyan besonders leicht auf, man vermutet darum einen Zusammenhang mit der Eiweißsynthese. Wir erinnern an das über die alte Mondenentwicklung und über die damalige Ernährungsart aus einer stickstoff- und cyanhaltigen, lebendigen eiweißartigen Atmosphäre Gesagte und möchten hierin Lebensreminiszenzen an jene alten Zustände sehen. In der Lebensentwicklung werden ja oftmals uralte Lebensstufen abgekürzt durchlaufen; es ist charakteristisch, daß *junge* Gewebe, sich bildende Samen, junge Sprosse und Blätter solche Cyangehalte aufweisen, und zwar ist das Cyan meistens in ganz bestimmten Verbindungen enthalten, sogenannten Glukosiden. Ein solches ist z. B. das Amygdalin, das sich in manchen Rosengewächsen findet, in den Samen der Apfelbaumartigen (Pomeen) und Prunusarten (Zwetschge, Pflaume, Mirabelle, Schlehe), aber auch in Rinden und Blättern dieser letzteren Gewächse, etwa beim Kirschlorbeer, vor allem aber im Samen der Pfirsicharten, darunter besonders in der Bittermandel, in der Frucht von Prunus amygdalarum. Danach hat man das Amygdalin benannt. Es zerfällt bei chemischer Untersuchung in eine Zuckerart, Glukose (darum nennt man derartige Substanzen Glukoside), ferner in *Blausäure* und eine aromatische, sauerstoffhaltige Kohlenwasserstoffverbindung, den Benzaldehyd. Die letzteren beiden Stoffe sind Träger des intensiven Bittermandelölgeruchs und -geschmacks, der beim Kauen einer bitteren Mandel allmählich erst hervortritt. Die Pflanze hat nun nicht nur den Amygdalin aufbauenden Prozeß in sich, sondern auch einen anderen, der jenen zügelt und beherrscht und den Abbau des Amygdalins herbeiführt; es ist dies ein in den Eiweißprozeß eingebetteter, *Emulsin* genannter Stoff, ein sogenanntes Enzym. Solche Stoffe bringt der Organismus in großer Mannigfaltigkeit hervor als Werkzeuge, um damit die kompliziertesten Stoffumwandlungen gleichsam spielend zu vollbringen. Pepsin und Trypsin, ersteres in der Magen-, letzteres in der Darmverdauung tätig, haben z.B. eine wichtige Rolle im Eiweiß-abbau, Lipase in der Fettverdauung usw., Emulsin aber dirigiert den Amygdalinprozeß. Es ist nun höchst interessant, daß Emulsin in zahl-reichen Pflanzen gefunden wird, in denen *keine* Blausäure, *keine* amyg-dalinverwandten Stoffe nachzuweisen sind; es handelt sich also in der Emulsinbildung um einen weit im Pflanzenreich verbreiteten Prozeß, der nur in seiner Rolle gegenüber dem Cyan in den Rosengewächsen besonders deutlich hervortritt, in anderen Pflanzen offenbar mehr verborgen wirkt, so daß das Cyanhaltige im Entstehen sogleich wieder verschwindet, umgebildet wird. – Außer in Rosengewächsen finden sich Blausäureverbindungen noch in Leguminosen, z.B. der Mond-bohne, in Wolfsmilchgewächsen, z.B. der Manihot utilissima (welche die stärkehaltige Tapioka liefert) und in zahlreichen anderen Pflanzen-arten. Da dieses Büchlein keine botanische Aufgabe übernommen hat, kann auf diese Dinge nicht allzu weit eingegangen werden; eines aber muß wenigstens angedeutet werden, weil es den Cyanprozeß wieder in Zusammenhang mit unserem Kometenthema bringt. Auch hier nämlich offenbaren sich Reminiszenzen an den alten Mondenzustand unserer Erdenentwicklung. (Wen weiteres interessiert, der findet Aus-führungen in der «Heilpflanzenkunde» des Verfassers.)*

Die vier Wesensreiche der Erde – Mineral, Pflanze, Tier, Mensch – sind aus drei «Naturreichen» der alten Mondenentwicklung hervorge-gangen – wie bereits erwähnt wurde. Zwischen Mineral und Pflanze stand das erste, niederste; zwischen Pflanze und Tier das zweite, zwischen Tier und Mensch das dritte, höchste Naturreich des alten Mondes. Was damals gewesen ist, das ist nicht spurlos vergangen; es

* Wilhelm Pelikan. Heilpflanzenkunde – Der Mensch und die Heilpflanzen, 3 Bde, Dornach 1958 ff.

ist umgebildet mitgenommen worden als «Schöpfungserfahrung», wie wir z. B. die Erfahrungen der Vergangenheit in unserem Tun, in unseren Fähigkeiten weiterklingen lassen. Schöpferische Leistungen der Weltentwicklung werden nicht vergeudet; sie wirken in die Zukunft fort. Wie wäre sonst auch Lernen, wie Fortschritt zu Vollkommenheitsgipfeln möglich? Gewisse Gehirnpartien höherer Lebewesen erinnern heute noch an ein nach außen geöffnetes Wahrnehmungsorgan früherer Entwicklungsstufen, das Stirnauge, das man in Andeutung bei auf der damaligen Entwicklungshöhe stehengebliebenen niederen Tieren – Eidechsen – heute noch finden kann. So haben wir Pflanzenfamilien, die eine besonders starke Tierverwandtschaft zeigen und damit auf die alten Tierpflanzen der Mondenwelt hinweisen, z. B. die Schmetterlingsblütler. Ihr Eiweiß ist dem tierischen ähnlich, die Blüten werden zu Hohl- und Gegenformen tierischer (Insekten-)Leiber, sie bilden in ihrem Stoffwechsel Substanzen, die eigentlich einer tierischen Organisation zugehören – sogar Blutfarbstoff –, sie bekommen eine besondere Beziehung zum Luftbereich, den sich doch nur Tier und Mensch als ein Innerliches mit eigenen Organen eingliedern; sie zeigen Bewegungstendenzen als Antwort auf äußere Einwirkungen. Oft haben solche dem Tierischen zugeneigte Pflanzenarten ein besonderes Verhältnis zum Stickstoff, vermögen ihn sich unmittelbar aus der Luft anzueignen. Und eine besondere Stickstoffbeziehung zeigt sich auch in der Cyanbildung.*

Wie draußen im kosmischen Leben das Cyan, zusammen mit der

---

* Bei der Bildung des «Mandelgiftes» in den Bittermandeln erfolgt beim Reifungsprozeß ein abnorm tiefes Eingreifen von kosmischen Wärmeprozessen. Das Fruchtfleisch, beim verwandten Pfirsich so üppig ausgebildet, schrumpft, dörrt aus; im Samen kommt es nicht nur zur reichlichen Bildung von fettem Öl, das der normale Ausdruck und Abdruck kosmischer Wärme-Reife-Kräfte wäre, sondern es wird zerstörend bis in die Eiweißprozesse eingegriffen; so kommt auf höherer pflanzlicher Stufe etwas Ähnliches zustande, wie wenn man Eiweißhaltiges bei Luftabschluß mit Alkalischem erhitzt, wobei sich Blausäure bildet, die dann vom Alkali gebunden wird. Dieses Eingreifen von Feuerprozessen in die Eiweißnatur werden wir auch im Gebiet der menschlichen Organisation weiter zu verfolgen haben.

Kometennatur auftretend, auf die alte Mondenvergangenheit mit ihren anders gearteten Gesetzen und Daseinsbedingungen hinweist, so im irdischen Leben der Cyangehalt gewisser Pflanzen auf die alte Mondenwelt mit ihren «Tierpflanzen», die sich aus der vitalen, wärmedurchdrungenen, stickstoff- und cyanerfüllten Atmosphäre aufbauten. Die ganze heutige Pflanzenwelt ist tier- und stickstoffbedürftig; sie muß von außen bekommen, was die alten Tierpflanzen des Mondes als Inneres hatten, den Anflug der Tierhaftigkeit, der früher zu ihrer Konstitution gehörte, heute aber durch äußere Beziehungen zur Tierwelt ersetzt ist. Wer aber den Spuren des Stickstoffs folgt, kann auf solche feine Hinweise stoßen, die vergangenes Sein verraten.

Cyan in den menschlichen Lebensprozessen

Es wird vielen Lesern dieser Zeilen sicher eine große Überraschung bedeuten zu erfahren, daß ein so furchtbares, blitzschnell tötendes Gift (das, wie Rudolf Steiner ausführte, auch besonders schlimme Nachwirkungen für das Leben des Geistig-Seelischen nach dem Tode hat, weswegen z. B. ein Selbstmord mit Zyankali ein besonders schweres Schicksal für die Menschenwesenheit bedeutet) regelmäßig von der menschlichen Organisation erzeugt und verarbeitet wird. Diese Organisation versteht sich also auf die Bildung von Cyan, sie durchgiftet sich mit ihm; aber sie versteht sich auch auf die Entgiftung, und dadurch hat sie den Cyanprozeß in der Hand; es kann nicht zu einer lebensgefährlichen Anhäufung dieser gefährlichen Substanz kommen.

Diese Entgiftung leistet der Organismus durch die Bindung des Cyan an Schwefel, durch die Bildung von Rhodanverbindungen. Diese sind, in den entstehenden Mengen, ungiftig. Daß es sich bei der Tendenz zur Cyanbildung um einen den ganzen Stoffwechselorganismus durchdringenden Prozeß handelt, zeigt die weite Verbreitung des Fermentes Rhodanase, mit dessen Hilfe der Organismus aus Cyan- und Schwefelverbindungen die ungiftigen Rhodanverbindungen bilden kann, die also ein Werkzeug sind, womit er den Cyanprozeß im Zaume hält. Rhodanase findet sich schon im Speichel, im Beginn der Stoffwechseltätigkeiten. Im Darm aber findet sich eine Bakterienflora, die u. a. eine wichtige cyanhaltige Substanz erzeugt, die, an das eisenverwandte Metall Kobalt gebunden, dem menschlichen Organismus lebenswichtig wird, das Vitamin B_{12}. Dieses findet sich in winzigen, aber sehr wirksamen Mengen durch den ganzen Organismus, vor allem aber in der Leber; sein Mangel erzeugt die schwere Blutkrankheit der perniziösen Anämie, bei der die roten Blutkörperchen nicht ausreifen, in embryonalem Zustand das Blut überschwemmen, die weißen Blutkörperchen aber zu wenig Leben haben; der Mensch geht an Schwäche, Kraftlosigkeit zugrunde. – Dieses «Vitamin B_{12}» ist nun eine äußerst interessante Substanz, ein intensiv roter Farbstoff, der in seinem Aufbau ungeheuer ähnlich ist den großen Atmungsfarbstoffen des Erdenseins, des Chlorophyll, mit dessen Hilfe die Pflanze die Kohlensäure der Luft einatmet, um daraus ihren Kohlenstoffleib aufzubauen; des Hämatins, mit dessen Hilfe der Mensch und die höheren Tiere den Sauerstoff der Luft sich aneignen können; des Hämocyanins, mit dessen Hilfe gewisse niedere Wassertiere (Krebse, Muscheln, Schnecken, Tintenfische) den im Wasser gelösten Sauerstoff – die Landschnecken den Luftsauerstoff – einatmen. Diese «Atmungsfarbstoffe» sind einander außerordentlich ähnlich aufgebaut; sie unterscheiden sich im Wesentlichen durch den Metallkern ihres sonst weitgehend übereinstimmenden Aufbaues. Dieser ist beim Chlorophyll, dem grünen Pflanzenfarbstoff, Magnesium, beim roten Blutfarbstoff Eisen, beim blaugrünen Hämocyanin Kupfer, beim Vitamin B_{12} aber Kobalt, das somit ein dem Körper unentbehrliches Spurenelement darstellt. – In der Leber – und der Nebenniere – findet sich aber auch besonders reichlich die Rhodanase, die den Cyanprozeß zügelt.

Deuten Chlorophyll und Blutfarbstoff auf die äußere heutige Atmosphäre mit ihrem Kohlensäure- und Sauerstoffgehalt, so das kobalthaltige Vitamin B_{12} auf eine feine, nur in Spuren auftretende innere Atmosphäre von Cyanprozessen, die uns, der Kometenatmosphäre vergleichbar, als Reminiszenz an unsere alte Mondenvergangenheit durchzieht. Diese muß aber so gehandhabt werden, daß an sie die richtige Blutbildung sich anschließt, die die richtige heutige Erdenatmung ermöglicht. Darum greift das Kobalt in diesen Prozeß ein; es hilft, den Cyanprozeß im Hintergrund sich so vollziehen zu lassen, daß der heutige richtige Erdenatmungsprozeß sich anschließen kann. Ersterer muß ganz im Hinter- und Untergrund bleiben. Das Kobalt spielt so dem Brudermetall Eisen in die Hand.

Das Verständnis für die menschliche Bedeutung dieses Cyanprozesses wird sich besser ergeben, wenn man einen dazu polaren Prozeß mit ins Auge faßt, den Kohlensäureprozeß. Auch hier hat Rudolf

Steiner auf gewisse, bisher nicht beachtete Eigenheiten dieses Prozesses hingewiesen, die seine volle menschliche Bedeutung erst verstehen lassen. Diese Kohlensäure, beim Abbau der Kohlenstoffe der Leiblichkeit entstanden, wird im venösen Blutkreislauf der Ausatmung entgegengetragen, um dort als tote Substanz in die Luft überzugehen; im Organismus selbst ist sie erst auf dem Weg zur Entvitalisierung, noch nicht mineralisch-tote Substanz wie äußere Kohlensäure. Einen Teil davon hält nun die menschliche Organisation in sich zurück; dieser kommt unter den Einfluß der Kopforganisation und bekommt dadurch die Tendenz zur Verbindung mit Salzartigem, vor allem Kalziumartigem; diese Kohlensäure wird dadurch auf den Weg der Knochenbildung gebracht. Der Knochen, der ja aus phosphorsaurem und kohlensaurem Kalk besteht, die sich als mineralische Einschläge in die Knochengewebe einlagern, stellt also im Organismus den Ort dar, wo das Luftige der Kohlensäure, bisher im flüssigen Blute aufgenommen, nicht der Luft zurückgegeben, sondern ins feste Element verdichtet wird. Im Knochen gerät sie in das Feld der Erdenkräfte. Im Haupt ist sie erst auf dem Wege dazu. Das Gehirn ist in gewissem Sinne im Entstehungszustand aufgehaltener Knochenbildungsprozeß, die Knochenbildung zuende gekommener Gehirnprozeß. Mit der Betätigung des Gehirns als Denkorgan sind feinste Mineralisierungsprozesse verbunden; in der Knochenbildung erfolgt diese Mineralisierung grob, derb. Schon Goethe suchte die Schädelbildung nach Metamorphosegesetzen aus dem übrigen Organismus zu begreifen; er nahm als Ausgangspunkt dieser Metamorphose die Wirbelsäule mit dem Rückenmark. Rudolf Steiner zeigte, wie die Wirbelsäule nicht Ausgangspunkt dieser Metamorphose ist, sondern allenfalls ein Zwischenzustand; vom Röhrenknochen der Gliedmaßen ist auszugehen und durch eine ideelle Umstülpung daraus der Schädelbau abzuleiten. – Doch sei dies hier nur um des Zusammenhanges willen angedeutet und als Wesentliches im Auge behalten, wie der Kohlensäureprozeß über die Gehirnsphäre in die Knochenbildung und damit in das Kraftfeld der Erdengesetze wie Schwere usw. dirigiert wird. Diese Kohlenstoff-Sauerstoff-Verbindung regt aber zugleich die Gedanken- und Vorstellungstätigkeit an. Diese wird bildhafter. Aufenthalt in einer Atmosphäre, die kohlensäurereicher ist als die normale, fördert die Eidetik, d.h. sie läßt die Vorstellungen mit der Kraft äußerer Gegenstände bildhaft gleichsam vor den Augen erscheinen. Dies wurde z.B. von Menschen geschildert, die in Unterseebooten in einer kohlensäurereichen Atmosphäre leben mußten. Man erlebte da etwa, daß ein Matrose eine Bilderzeitschrift sich besah; Kameraden zogen sie spaßhalber mit einem Ruck weg, das Opfer ihres Spaßes sah aber Bild und Schrift noch weiterhin «vor Augen», so daß er zur Überraschung der Spottlustigen gleichsam weiterlas. Es gehörte – dies mag als weitere Erscheinung angeführt werden, die dieses Gebiet von Kohlensäurewirkung beleuchtet – zur alten Yoga-Praxis, in einem kohlensäurereicheren Raum, als ihn die normale Luft bietet, bestimmte Seelenübungen zu vollziehen, um zu gewissen inneren Bilderlebnissen leichter zu gelangen. Dies konnte durch vorübergehendes Verweilen in einem kleinen Raum, aber auch durch bestimmte Atemübungen erreicht werden; beides hat eine gewisse Kohlensäureüberladung der oberen Organisation zur Folge. Beschäftigt man bildhaft lebendig ein Kind im Unterricht, so regt man mit der Gedankenbildung zugleich die Kohlensäurebildung an.

Die «Kohlensäure des alten Mondes», die der Kohlenstoff-Sauerstoff-Verbindung zu vergleichende Kohlenstoff-Stickstoff-Verbindung, wirkt aber auf andere Weise. Sie wird vom Gegenpol des menschlichen Organismus bewältigt, hat ihre bedeutsame Aufgabe im Stoffwechsel-Gliedmaßen-Gebiet. Müssen wir bei der Kohlensäure nach dem Denkpol sehen, so bei den Cyanverbindungen nach dem Willenspol. Wie Rudolf Steiner über den Cyanprozeß im Makrokosmos im Zusammenhang mit der Kometennatur aus der Geistesforschung Aussagen machen konnte, so konnte er über den Cyanprozeß im Mikrokosmos Mensch Darstellungen geben, für welche die physiologische Wissenschaft nun, Jahrzehnte später, die ersten Bestätigungen bringt. Es sei hier ein Überblick über diese Darstellungen gegeben, wobei wir an das bereits Ausgeführte über die Zusammenhänge der Willensentfaltung mit dem Stoffwechsel-Gliedmaßen-System erinnern.

Was bewegt eigentlich unsere Gliedmaßen? Sie sind ja die Objekte der Bewegung, aber nicht das Bewegende selbst, der Betätiger. Dies ist vielmehr unser Geistwesen. Aus ihm erfließt die erste Ursache der Bewegung: Entschlüsse, Willensimpulse. Hier Geistiges, dort Stoffliches. Im Grunde wird der Stiefel, der das Bein bekleidet, die Last, die der Arm trägt, nicht anders bewegt als Bein und Arm – wenn man auf das äußere Geschehen schaut. Das Holzbein einer Prothese durchmißt den Raum ebenso, die Absicht des Trägers zu erfüllen, wie das gesunde Bein daneben. Bewegte sich der bloße Stiefel, das abgeschnallte Holzbein für sich nach unserem Willen, so nennte man dies mit Recht Magie. Aber im Grunde ist die Bewegung eines Stofflichen durch ein Geistiges immer Magie! Also auch die unserer Glieder. Nur ist eben unsere Leibessubstanz so beschaffen, daß sie der magischen Beeinflussung fähig ist. Übrigens hat der amerikanische Psychologe Rhine mit seiner Schule vor wenigen Jahren durch Experimente mit Würfeln in einem Aufsehen erregenden Buch den Beweis geführt, daß magische Beeinflussung materieller Vorgänge über die eigene Leiblichkeit hinaus, wenn auch in sehr bescheidenem Ausmaß, prinzipiell möglich ist.

Um in einem bedeutsameren Maße bewegt zu werden, fehlt aber der irdischen Stoffeswelt jene innere Korrespondenz zwischen Geist und Materie, die zwischen Menschengeist und Menschenleib durch die Weltentwicklung hergestellt worden ist. Die physiologischen Prozesse nun, die vom rhythmischen System zum Stoffwechselsystem hin entfaltet werden, enthalten in sich die Tendenz, die Verwandtschaftsbeziehungen des Kohlenstoffs zum Stickstoff besonders zu entfalten. Rudolf Steiner forderte auf, diese Beziehungen im Verdauungsprozeß, aber auch im Abscheidungsprozeß zu verfolgen. In der Tat wird im Verdauungstrakt durch die Darmflora das cyanhaltige, dem Modell des Blutfarbstoffs nachgebildete kobalthaltige Vitamin B_{12} gebildet. In der Darmatmosphäre treten alle jene Gase auf, die wir von der Kometenspektralanalyse bereits kennen: Kohlenoxyd, Kohlenwasserstoffe (Methan) und eben auch, wenngleich nur in jenen vom Vitamin B_{12} verarbeiteten Mengen, Cyan. Aber es ist ganz generell durch das gesamte Stoffwechsel-Gliedmaßen-Gebiet diese Tendenz zur Erzeugung von Cyanverbindungen vorhanden; sie wird nur im Entstehen sogleich wieder überwunden.*

«Giftung» und «Entgiftung» müssen einander also das Gleichgewicht halten. In diesen Gleichgewichtspunkt schießt nun der menschliche Wille hinein. Er ergreift in diesem Moment zwischen Entstehung und Vergehen von Cyanartigem (Cyan, Blausäure, Cyansäure etc.) das Muskelsystem. «Im Menschen, nach unten gehend, liegt fortwährend die Tendenz, die organische Substanz durch eine Vergiftung zu zerstören. Sie ist fortwährend im Anfang; und wir könnten uns nicht bewegen, wir könnten *nicht zum Freiwerden des Willens* gelangen, wenn wir nicht fortwährend die Tendenz hätten, uns zu zerstören», führt Rudolf Steiner in einem vor Pädagogen der Waldorfschule in Stuttgart am 16.10.1923** gehaltenen Vortrage aus. Wir stehen danach jedesmal, wenn wir den Menschen in Bewegung bringen, vor der Verantwortung, in die Prozesse einzugreifen, die eigentlich Todes-, Erkrankungsprozesse sind. Diesen – unteren – Erkrankungsprozessen muß ein oberer Gesundungsprozeß gegenüberstehen. Hat der Kohlenstoff nach unten die Tendenz, sich mit dem Stickstoff zu verbinden, so hat er nach oben die Tendenz, Sauerstoffverbindungen zu bilden, Sauerstoffsäuren oder sauerstoffsaure Salze. Die aber regen den Gedanken an. Beschäftigen wir bildhaft lebendig das Kind, regen wir die Kohlensäurebildung an; lassen wir es gleichzeitig etwas tun während des Denkens, rufen wir ein Gleichgewicht zwischen Kohlensäurebildung und Cyanerzeugung herbei. – Intellektuelle Beschäftigung treibt den Kohlensäure-Erzeugungsprozeß zu stark an, die obere Organisation wird an ihm übersättigt. Musikalische Erziehung wirkt gegen dieses

---

* An diesem Überwinden haben – immer nach Rudolf Steiners Forschungen – die Galleprozesse ihren besonderen Anteil. Die Absonderungen der Galle bewirken u. a. die Aufhebung der Tendenz zur Entstehung von Zyanverbindungen. Der Zornige schädigt seine Galle-Tätigkeit und damit diese entgiftende Tätigkeit; er «giftet» sich, ganz wortwörtlich.
** Abgedruckt in «Erziehung und Unterricht aus Menschenerkenntnis», GA 302a, 3. Aufl. Dornach 1983.

übermäßige Kohlensäurebilden. – Der Lehrer soll dem Kind die ganze Welt repräsentieren an Wahrheit, Schönheit, Güte. (Sie sind ja Ideale des Erkennens, Fühlens, Wollens!) Dies schafft selbstverständliche Autorität und erzeugt eine tief unterbewußte, das Leben über verbleibende Liebe – die das Gleichgewicht zwischen Kohlensäure- und Cyanbilden wesentlich unterstützt.

Wenn wir nun das bisher Dargestellte in bezug auf die Cyanprozesse einerseits der Kometennatur, andererseits der menschlichen Stoffwechsel-Gliedmaßen-Organisation überschauen, so bringt sich der alte Satz zur Geltung, daß der Mensch ein Mikrokosmos sei, der auf seine besondere Art die Tätigkeit des Makrokosmos spiegele. Die ganz andere Beschaffenheit einer früheren Daseinsstufe der Weltentwicklung und der Menschenentwicklung stößt in beiden Fällen mit den gegenwärtig herrschenden Bildegesetzen zusammen; im Zusammenprall entsteht eine Sphäre besonderer Art, die eben im Menschen den Raum schafft, in dem das Unvorherbestimmte, nicht durch Gesetze Festgelegte frei entstehen und sich im physischen Erdendasein als schöpferischer Wille ausleben kann.

Die Kometen als «Freiheitshelden» im Universum

Um dieser Zusammenhänge willen spricht das Erscheinen eines Kometen den das Weltgeschehen mit erlebenden, mit empfindenden Menschen so stark an. Es sprechen in ihnen himmlische Zeichen von den Freiheits-Geheimnissen der Welt, und man kann wohl verstehen, daß Rudolf Steiner einmal aphoristisch zusammenfassend die Kometen Freiheitshelden des Universums nannte; man solle das Erscheinen jedes neuen Kometen mit einem Freiheitshymnus begrüßen. Haben wir nicht in diesem Jahr (1957) mit seinen zwei sichtbaren Kometenerscheinungen das heroische Aufbäumen des Freiheitswillens einiger kleiner Völker ganz elementar miterlebt? Das vorige und das 18. Jahrhundert, die Revolutionsjahrhunderte der Weltgeschichte, haben weit über den Durchschnitt zahlreiche und glanzvolle Kometenerscheinungen gesehen. Nachfolgende Kurve möge dem Leser einen Überblick über die Anzahl der pro Jahrhundert – vom Anfang unserer Zeitrechnung – vermerkten, dem unbewaffneten Auge sichtbaren Schweifsterne geben.

Die Jahre vom Beginn der französischen Revolution bis zum Erscheinen der «Philosophie der Freiheit» von Rudolf Steiner, dem Werk, welches das Wesen der Freiheit vollgültig mit dem menschlichen Erkenntnisvermögen erfaßt hat und das als eine der großen Menschheitsleistungen als das Erkenntnisfundament künftiger Freiheit in die Zukunft leuchtet – diese Zeitspanne hat die weitaus meisten Kometen gesehen. Aber auch die anderen Jahrhunderte mit überdurchschnittlichen Erscheinungszahlen haben große innere oder äußere Befreiungsprozesse erlebt. Das dritte Jahrhundert mit seinen blutigen Christenverfolgungen (Decius, Valerian, Diokletian) sah zwar die größte Machtentfaltung und Ausbreitung des römischen Imperiums, aber zugleich das heroische Durchdringen der antiken Welt von innen her

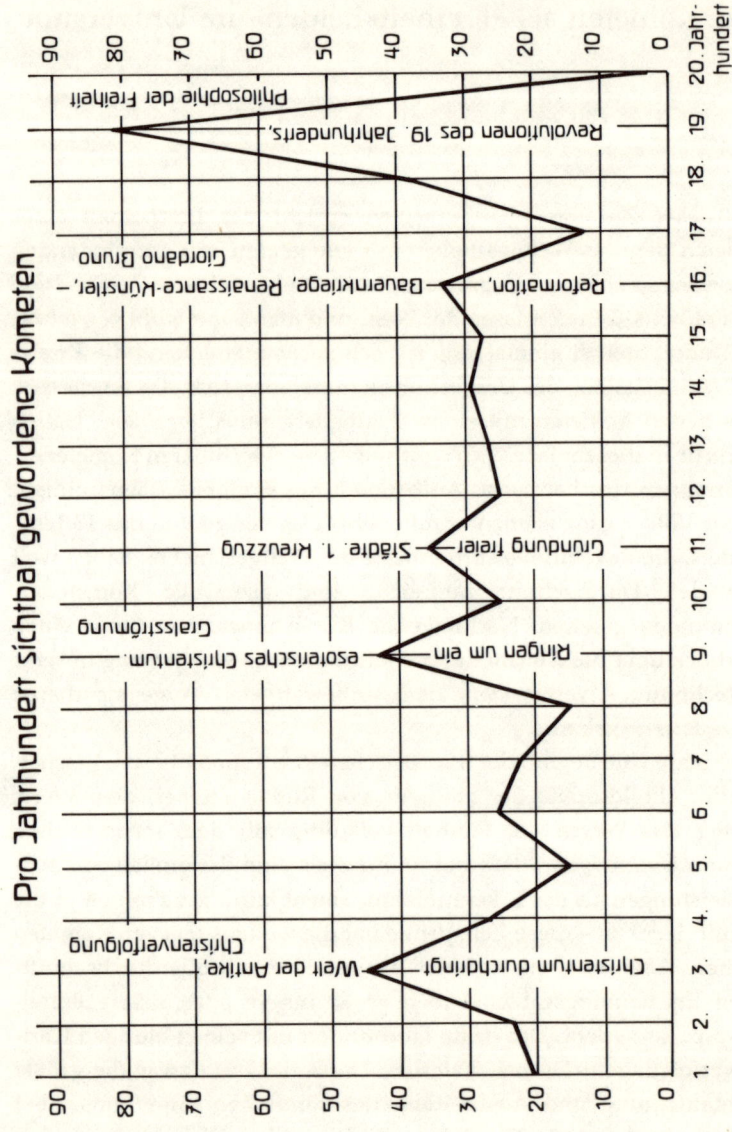

Pro Jahrhundert sichtbar gewordene Kometen

68

mit den christlichen Impulsen, gegen alle äußere Macht und Gewalt. Aus den Katakomben stieg das Christentum sieghaft empor. – Im 9. Jahrhundert wird darum gerungen, ob das Christentum sich mit den innersten, spirituellsten Menschheitskräften fortentwickeln oder in Dogmen verhärten soll. Wieder stellt sich äußerer Machtentfaltung eine der wunderbarsten, edelsten Erscheinungen der Menschheitsentwicklung entgegen: die Strömung vom heiligen Gral, die ein esoterisches Christentum pflegt und bewahrt – wie dies in der Parzivaldichtung so herz- und geistbewegend dargestellt ist. Nach außen siegt Papst Nikolaus I., die Menschheit wird in die Wirrnisse des Abendmahlstreites gestürzt, das Konzil von Konstantinopel (869) schafft den selbständigen Geist ab und dekretiert dem Menschen nur Leib und Seele zu. Aber «im fernen Land, unnahbar Euren Schritten» bewahrt sich das Gralsgeheimnis durch alle folgenden Jahrhunderte hindurch, bis die Zeit zu seiner Enthüllung gekommen ist. – Das 11. Jahrhundert hat den mächtigen Freiheitsimpuls der Bildung freier, unabhängiger Städte. Das in ihnen sich entfaltende Wirtschafts- und Handwerkswesen enthält Keime, die den dort Lebenden und Wirkenden eine ganz neue Lebensgrundlage und Stellung im sozialen Ganzen, damit ein ganz anderes Persönlichkeitsbewußtsein verschaffen, als dies bis dahin möglich war. «Stadtluft macht frei», ging darum ein alter Spruch. Aber auch die gewaltige Bewegung der Kreuzzüge beginnt; mit diesen sollte versucht werden, die Erdenstätte, wo der Erlöser gewirkt hatte, zum Mittelpunkt der Christenheit zu machen, nicht aber Rom; ein antirömisches Christentum sollte begründet werden, frei von den äußeren Machtimpulsen einer Stätte, die immerhin Mittelpunkt des Imperium romanum gewesen war. Heinrich II., der Heilige, dem gleichen Jahrhundert angehörig, sprach dies mit der Forderung der «ecclesia catholica non romana» aus. – Das 16. Jahrhundert bringt die großen Reformatoren, das Ringen um die religiöse Freiheit, aber auch das Sichaufbäumen der Bauernkriege gegen die damaligen Feudalordnungen. Die großen Künstler, Forscher, Denker der Renaissance öffnen Tore für neue Menschheitswege, die nur aus der Freiheit gegangen werden können. Ein Geistesadel der Menschheit stellt sich dem Erb-

und Blutadel entgegen. Giordano Bruno besteigt den Scheiterhaufen. – Vom Jahrhundert, das mit der französischen Revolution beginnt und mit dem Erscheinen des Werkes «Die Philosophie der Freiheit» endet, ist andeutungsweise schon die Rede gewesen; es ist zugleich das Jahrhundert der Freiheitshelden des Geistes, zusammen mit dem vorhergehenden Jahrhundert der großen Dichter, Philosophen, Musiker, vom Aufstand der Griechen bis zu den Befreiungskriegen der Napoleonzeit, von Byron bis zu Beethoven, von Schillers Freiheitsdramen bis zum «Götz» und «Faust», welche schier unzählbare Schar von Freiheitshelden! – Doch sei es mit diesem skizzenhaften Überblick über 20 Jahrhunderte genug; es kann ja nicht Aufgabe der vorliegenden kleinen Arbeit sein, sich in geschichtliche Darstellungen allzu sehr einzulassen. Der Leser, der solche sucht, sei auf die «Beiträge zur Weltgeschichte» von Karl Heyer verwiesen, in denen sich gründliche und umfassende Darstellungen der in Frage stehenden Jahrhunderte finden.*

Der nachdenkliche Leser wird, den Kurvenzug, der ihm vor Augen sich stellte, überschauend, nicht nur dessen Hoch-, sondern auch Tiefpunkte verfolgen und sich seine Gedanken machen, etwa beim 17. Jahrhundert mit seinen bloß 12 gezählten sichtbaren Kometen sich an manches die Entwicklung tragisch Hemmende besinnen, vor allem an den Dreißigjährigen Krieg, der große Entwicklungsimpulse der Menschheit zurückgedrängt, ja zunächst scheinbar ausgelöscht hat, z. B. die des echten Rosenkreuzertums.

Betroffen wird aber dieser Leser in diesem Überblick über 20 Jahrhunderte den absoluten Tiefpunkt unseres Jahrhunderts erfassen. Welche Kometen-Leere tritt ihm da entgegen! Die erste Jahrhunderthälfte hat nur zwei sichtbare Kometenerscheinungen aufzuweisen, darunter die des Halley'schen Kometen, der, wie wir später noch sehen werden, unter ganz bestimmten Auspizien zu betrachten ist. Erst die zweite Jahrhunderthälfte hat – 1957 – zwei Kometen erscheinen sehen; und

* Erschienen im Verlag Freies Geistesleben, Stuttgart.

zum Jahrhundertende, 1985/86, wird sich noch einmal der Halley'sche Komet zeigen.*

Unser Jahrhundert kann aber – bisher wenigstens – in der Tat nicht als ein Befreiungs-Jahrhundert sich bezeichnen! Viel eher ist es ein Jahrhundert des Erduldens, des Hinnehmens schwerer Schicksale. Ungeheures, ja Ungeheuerliches wird dem Menschen zugemutet, aber das elementare Sich-Aufbäumen eines unbesieglichen Freiheitswillens vermißt man. Der Mensch verhält sich als Zuschauer seines Schicksals, nicht aber als feurig-enthusiastischer Gestalter. Unterdrückergewalten anonymer Mächte, Diktatoren der verschiedensten Art gehen über den ganzen Erdball, ohne daß die Menschheit dagegen aufsteht. Die Materie wird als allmächtig empfunden, der Geist als ohnmächtig. Man nimmt die Schicksalskonstellationen als etwas Unabänderliches hin und vertraut nicht der zeugenden Kraft des Neuen, die jeden Augenblick mit Unerwartetem kometen- und meteorenhaft durchblitzen kann. Wenn ein geistiges Feuer in dieses Jahrhundert geworfen würde, kein Auflodern würde sich ergeben, es fehlte an Brennstoff! Und dieses Jahrhundert hat ja in der Tat erlebt, wie als ein solcher Feuerkeim die moderne Geisteswissenschaft (Anthroposophie) ihm gereicht wurde. Hat es anders darauf reagiert als nasses Holz auf den zündenden Funken? Allerdings ist in einem bisher unerhörtem Maß in zwei Weltkriegen Jugend, die Begeisterungsträgerin, hingeopfert und ausgerottet worden. Auf den Trümmerstätten hat man alte Säulen wieder aufgerichtet, ohne ihre Morschheit und Brüchigkeit wahrhaben zu wollen. Wo ist die Menschheit, die auf den Anruf antwortet, der an sie ergangen ist:

Ich möchte jeden Menschen
Aus des Kosmos' Geist entzünden,
Daß er Flamme werde
Und feurig seines Wesens
Wesen entfalte. –

* Bis 1983 sind weiter als helle Kometen erschienen: 1965 Komet Jkeya-Soki, 1970 Komet Bennett, 1973 Komet Kohoutek, 1975/76 Komet West, 1983 Komet JRAS-Avak-Alcock. S.V.

Die Andern, sie möchten
Aus des Kosmos' Wasser nehmen,
Was die Flammen verlöscht
Und wäßrig alles Wesen
Im Innern lähmt. –

O Freude, wenn die Menschenflamme
Lodert auch da, wo sie ruht! –
O Bitternis, wenn das Menschending
Gebunden wird da, wo es regsam sein möchte.

Rudolf Steiner

Der Cyanprozeß im Kulturleben

Das vorige Jahrhundert hat nicht nur eine stärkste Manifestation des Cyanprozesses im Kosmos durch die Kometennatur erlebt, sondern zugleich ist das Cyan durch die sich vorher in unbekannter Weise entwickelnde Chemie entdeckt, hergestellt und in die chemische Technik eingeführt worden. Der irdische Cyanprozeß ist damit vom Menschen ergriffen und in einem Maß verwirklicht worden, wie wir ihn im Naturgeschehen, das ihn auf eine sehr verborgene Art handhabt, niemals auftreten sehen. In diesem entsteht er nur, um sogleich wieder zu verschwinden.

Im 18. Jahrhundert hatte Diesbach den schönen blauen Farbstoff (Berliner oder Preußisch Blau) entdeckt, der sich beim Zusammenfügen von gelbem Blutlaugensalz (dieses ist Ferrozyankalium) mit Eisensalzen bildet. Das gelbe Blutlaugensalz wurde schon früher durch Erhitzen von stickstoffhaltigen organischen Substanzen (Blut, Leder, Horn etc.) mit Pottasche und Eisenfeilspänen bei Luftabschluß bereitet, es diente zur Stahlhärtung. 1782 stellte Scherle den in Berliner Blau und Blutlaugensalz zur Ungiftigkeit abgebundenen Cyanwasserstoff dar und nannte ihn ob dieser Herkunft Blausäure. Im Jahre 1815 entdeckte dann Gay-Lussac das Cyan selbst; er erforschte auch weiter die Eigenschaften der Blausäure. Ein weiteres wichtiges Jahr ist 1828, in dem Wöhler aus cyansaurem Kalium und schwefelsaurem Ammoniak cyansaures Ammoniak herstellte, das sich beim Erhitzen in Harnstoff umlagert. Damit war zum ersten Mal die Herstellung einer Substanz gelungen, die, wenn auch als Abbau- und Ausscheideprodukt, dem Leben entstammt. Für das Menschheitsbewußtsein schien damals die Schranke, welche die Stoffe der toten Welt von den im Lebensprozeß gebildeten trennt, zum ersten Mal durchbrochen; die Chemie schien den Sieg davongetragen zu haben über den Vitalismus. Es

73

schien nur eine Frage der Zeit, bis die Herstellung aller wichtigen Substanzen des Organismus im Laboratorium gelungen sein würde; zuletzt die Synthese des lebendigen Eiweißes selbst. Einen allerersten Schritt in die Richtung solcher Hoffnung machte die Cyanchemie im Jahre 1847, als Frankland und Kolbe entdeckten, wie man durch Zufügung von Cyan zu Kohlenwasserstoffen (Bereitung sogenannter Nitrile) die um einen Kohlenstoffanteil höheren Verbindungen herstellen und somit auf der Leiter der Kohlenstoffverbindungen von den einfachsten zu immer komplizierteren Verbindungen hinaufklettern kann. − Indessen erfand man weitere der Zivilisationsentwicklung dienende Prozesse, die Cyan in weitem Umfange entstehen ließen, z. B. die Leuchtgaserzeugung. Der Beseitigung dieses sehr giftigen Leuchtgasbestandteils mußte viele Mühe gewidmet werden; sie gelang schließlich durch die «Laming'sche Masse», eine Mischung von wasserhaltigem Eisenoxyd mit Kalk. Indessen entdeckte man die mannigfaltigen Verbindungen des Cyans mit den Metallen, die für die galvanische Technik der Herstellung hauchdünner Metallüberzüge wichtig wurden. Mit Hilfe der Cyanverbindungen gelang es schließlich 1888 MacArthur und Forrest, der Erde jene feinen Spuren Gold zu entreißen, die bisher unantastbar geblieben waren; die Zyanidlaugerei als hüttentechnisches Verfahren entstand, und immer mehr von dem in der Gegenwartszivilisation benötigten Gold ist seither durch den Cyanprozeß aus den Erdentiefen herausgeholt worden. − Gegen Ende des Jahrhunderts fanden Frank und Caro die technische Herstellung des Kalziumcyanamids, das die Stickstoff-Kunstdüngerindustrie erst auf den Weg zu ihrer weltumspannenden Wirkung brachte und der Chemie die größte Stickstoffquelle, die Atmosphäre, zum ersten Mal in großem Maßstabe erschloß. Das 20. Jahrhundert hat die im 19. Jahrhundert begonnenen Wege konsequent fortgesetzt und zur Cyanerzeugung im großen Stil gesteigert. Das Andrussow-Verfahren verwendet die im Ruhrgebiet und anderen großen Hochofengebieten bei der Eisengewinnung abfallenden «Industriegase», indem es unter katalytischer Oberflächenwirkung feinst verteilten Nickels die darin enthaltenen Gase, Kohlenoxyd, Kohlensäure und Wasserstoff, erst zu Methan, dem einfachsten Kohlenwasserstoff, umwandelt – oder dieses Methan den Erdgasen der Petroleumlagerstätten entnimmt, sodann dieses Methan mit Ammoniakgas und Luft an feinstverteiltem Platin als Katalysator zusammentreten läßt zu Cyanwasserstoff, den man über Nitrilbildungen (Akrylnitril z. B.) in gewaltige Verdichtungs-Kondensationsprozesse hineinführt. So entstehen die Grundstoffe für die moderne Kunstfaser-, Kunstharz-, Plexiglas-, Plastikstoffe-Industrie, vor allem jene Kunstfasern, welche nicht Pflanzen-, sondern Tierfasern nachbilden sollen. Erstere sind ja stickstofffreie Kohlenwasserstoffe, letztere stickstoffhaltige Eiweißabkömmlinge. – Bei diesen Syntheseverfahren geht man von Gasgemischen aus, wie sie das Spektroskop in der Kometenatmosphäre deutlich gezeigt hat; Kohlenoxyd, Methan, Wasserstoff, Stickstoff ... man treibt sozusagen eine Art Kometen-Chemie; nur führt man in die extremste Verdichtung, was im Kometen flüchtig sich in die Umgebung verliert. Sogar das Nickel ist anwesend im Kometenkern; auf Erden zeigt es sich im Meteoreisen der Meteoritenfälle – deren engen Zusammenhang mit der Kometennatur schon die ersten Seiten dieses Büchleins erwähnten.

Hingegen blieb es der Menschheit zum guten Glück erspart, die schon vorbereiteten furchtbaren cyanhaltigen Giftgase in den zwei hinter uns liegenden Weltkriegen über sich ergehen lassen zu müssen und zu Millionen an einer Cyanisierung der Atmosphäre, des Wassers und der Erde zugrunde gehen zu müssen. Wer hat die Menschheit davor bewahrt? Die eigene moralische Reife gewiß nicht. Es hat sich auch kein Aufstand der Völker erhoben, als amtlich angeordnet Millionen Menschen mit Cyanverbindungen durch Vergasung ermordet wurden. Im Jahr 1910 ging der Halley'sche Komet über den Himmel. Es entstand damals in der Menschheit eine gewisse Beängstigung, da entdeckt worden war, daß die Kometenatmosphäre Cyan enthalte. Nicht den Zusammenstoß mit diesem eigenwilligen Weltenwanderer fürchtete man, wohl aber, daß die Erde seinen Schweif durchqueren könnte und dann eine Vergiftung der Luft erfolgen würde. Die Gelehrten zerstreuten bald diese Sorge. Eine Generation später aber, etwas über drei Jahrzehnte, erfüllte sich eine der dunkelsten Konstellationen der Weltgeschichte; der «Schweif des Kometen» kam doch auf die Erde, und Millionen unserer Mitbürger wurden die Opfer.

Von weiterem sei geschwiegen, weil im schweigenden, nie vergessenden Anschauen eine größere Kraft sich entfalten mag als im Reden.

Wie deutlich wird hier, daß wir für die Zukunft eine *moralische* Wissenschaft brauchen, eine Wissenschaft, die nicht nur den erkenntnishungrigen Kopf erfüllt, sondern den ganzen Menschen. Moralische *Wissenschafter* allein genügen nicht; ihre Wissenschaft selbst muß moralisch – ja noch mehr, sie muß christlich werden. Ob das möglich sei? Die Ansatzpunkte finden sich schon; die Goethe'sche Metamorphosenlehre, die Farbenlehre sind so beschaffen. Die ganze Anthroposophie als moderner Erkenntnisweg, der «das Geistige im Menschen zum Geistigen im Weltall führen möchte», ist als Wissenschaft so beschaffen. Der einzelne Wissenschafter, als Subjekt, mag so moralisch sein, wie es seine innere Reife zuläßt; sein Objekt aber, seine Wissenschaft, ist für sich schon moralisch, ist christlich, die Beschäftigung mit ihr erzieht zur Moralität. Allerdings sprechen wir von *werdender* Wissenschaft auf allen Gebieten, nicht von gegenwärtiger. Dies ist kein Vorwurf – der wahrlich jedem *Subjekt* übel anstünde und von nicht geringem Hochmut zeugen würde. Es ist nur die notwendige Klarstellung einer Situation.

Eine künftige Chemie, eine künftige Physik werden zu lehren wissen, daß die Materie – bis ins Atom hinein – so angeordnet ist, wie sie die Christuswesenheit, der Logos, angeordnet hat. Die der Materie-Welt innewohnende Logik ist christlich. Die Eingangsworte des Johannes-Evangeliums von dem Logos, der im Urbeginne war und durch den alles Erschaffene ist, werden nicht nur Gegenstand religiöser Erbauung in der Zukunft bleiben, sondern man wird sie in der Stoffeswelt wiederfinden, wenn die Runen der Materie-Gesetze, die Sprache der Stoff-Eigenschaften lesbar und verständlich geworden sein werden. «Es ist alles unten wie oben», so lautete ein Mysterienspruch alter ägyptischer, hermetischer Weisheit. Heute nennt man etwas nur, wenn es absolut unzugänglich geworden ist, «hermetisch verschlossen». Kepler führte sein Forschen noch zu den Weltenharmonien des Oberen, sein Hauptwerk trägt den Titel «De Harmonices Mundi». Er durfte empfinden und es in Worten ausdrücken, daß er hermetische Mysteriengeheimnisse der Welt geoffenbart, daß er goldene Gefäße aus Ägypten geholt habe, um sie in einer neuen Zeit und Welt allen Menschen offenbar zu machen. Indessen hat sich die Menschheit mit Hunderten von großen Forschern und Millionen von Gehilfen dem «Unten» zugewendet, und dies war notwendig; denn die Beschaffenheit dieses «Unten» war erst genau kennenzulernen. Der Menschengeist ist indes nicht von unten, sondern von oben; er findet darum im Unteren zunächst eine völlig neue Welt. Aber er findet darum vor allem eine Welt, die so angeordnet ist – bis ins Atom –, daß sie ein Feld seiner freien, schöpferischen Tätigkeit werden kann. Es ist auf uns liebevolle Rücksicht genommen in dieser Schöpfung. Sie kann zur Pflanzstätte freier Geister werden, wie dies Novalis, einer der größten Vor-Ahner und Vor-Denker einer solchen kommenden christlichen Naturwissenschaft, aussprach. Im Leben in dieser «Welt des Unten» entdeckt der Mensch, indem er «den Schleier der Isis» hebt, also das hermetische Geheimnis zu lösen versucht, sich selbst. So sprach es aphoristisch Novalis aus für alle «Lehrlinge zu Sais» der Gegenwart und Zukunft, er sprach aber damit das Zukünftige jedes Menschen an. Von allem «Oberen» zunächst allein gelassen, erlebt der Mensch sich selbst als Eigenwesen, prägt sich selbst, indem er die Welt des Unteren ergreift. Dies ist nur möglich, weil die Welt des «Unteren» eine ganz bestimmte Struktur und Anordnung hat. In dieser Anordnung wird der Logos zu entdecken sein, wenn wir im Sinne des Novalis Lehrlinge zu Sais werden. Wie eine solche werdende «christliche» Wissenschaft ihre Richtung nehmen könne: dies hat Rudolf Steiner in seinem Lebenswerk für eine ganze Reihe von Wissenschaftsgebieten gezeigt.

Der Halley'sche Komet
und seine geistesgeschichtliche Aufgabe

Es möge nun ein Komet besonders betrachtet werden, der durch seine Eigenart in der Tat zu einer Sonderdarstellung auffordert; es ist der durch seine für einen Kometen ungewöhnlich regelmäßige Umlaufszeit, durch seine nun schon durch viele Jahrhunderte sich vollziehende Wiederkehr, die Beständigkeit seiner Daseinsform gekennzeichnete Halley'sche Komet. Benannt ist er nach dem im 17. und 18. Jahrhundert (1656–1742) lebenden englischen Astronomen Halley, der an ihm als erster erkannte, daß es Kometen gibt, die regelmäßig wiederkehren, der seine Bahn als eine langgestreckte, durchaus innerhalb des Sonnensystems liegende Ellipse beschrieb und seine nächste Wiederkehr richtig für das Jahr 1759 voraussagte. Er brachte damit die Kometenerscheinungen der Jahre 1456, 1531, 1607, 1682 (die er selbst erlebte) gleichsam auf den gemeinsamen Nenner und stellte seine Umlaufzeit mit ungefähr 76½ Jahren fest. Man hat dann die Erscheinung bis in die ersten vorchristlichen Jahrhunderte zurückverfolgen können, wobei die sorgfältigen Aufzeichnungen chinesischer Astronomen hilfreich waren, die überhaupt die mit dem freien Auge erfaßbaren Schweifsterne Jahrhundert für Jahrhundert gezählt und ihre Kunde überliefert haben. So wissen wir, daß der Komet noch 1378, 1302, dann im 13., im 12. Jahrhundert, 1066 (wo wir ein Bild von ihm auf einem Teppich haben, den die Gemahlin Wilhelm des Eroberers ihrem Gatten fertigte), Ende und Anfang des 10. Jahrhunderts, im Jahr 857, im 8., Ende und Anfang des 7., im 6. Jahrhundert, im Jahr 451, zweimal im 4. Jahrhundert, im 3., 2., 1. Jahrhundert, im 1. vorchristlichen Jahrhundert aufleuchtete. Die erste beglaubigte Erscheinung liegt im Jahr 467 v. Chr. Unser Jahrhundert erlebte ihn 1910, die nächste Erscheinung wird gegen das Ende des Jahrhunderts, in die Jahre 1985/86 fallen.*

---

* Siehe Seite 79

Der Halley'sche Komet ist der einzige, von dem man behaupten kann, die Menschheit habe ihn durch viele Jahrhunderte, in fast ungeminderter Leuchtkraft dem unbewaffneten Auge sichtbar, wiederkehren gesehen. Die anderen uns bekannten periodischen Kometen sind nur durch das Fernrohr beobachtbar. Außerdem sind wir starke Veränderungen bei ihrer Wiederkehr gewohnt. Ihre Umlaufzeit kann sich beschleunigen oder verzögern. Ihre Kerne können sich spalten, aus einem können mehrere neue, kleinere hervorgehen. Bei jedem Erscheinen zeigen sie sich lichtschwächer, sie schwinden sichtbarlich. Einige haben sich gleichsam unter den Augen des vorigen Jahrhunderts aufgelöst, an ihrer Stelle ist zum erwarteten Zeitpunkt ihrer Wiederkehr ein reicher Meteoriten- oder Sternschnuppenfall aufgetreten.

Gegenüber diesem Flüchtigen, Schwankenden hat sich der Halley'sche Komet bemerkenswert stabil gehalten. Seine Leuchtkraft, seine Erscheinungsform hinsichtlich Kern und Schweif hat sich von Mal zu Mal nicht wesentlich verändert, obwohl er bei seinem Umschwung um die Sonne doch auch jedesmal durch Ausströmen an Substanz verliert.

* Die genauen Durchgangszeiten durch das Perihel (größte Sonnennähe) seien noch angeführt (Aus: «International Halley Watch – Amateur Observers' Manual for Scientific Comet Studies», by Stephan J. Edberg, Sky Publishing Corporation, Cambridge, Mass., USA, November 1983):

18. Juli	– 465	16. Februar	374	25. Oktober	1301
14. September	– 390	28. Juni	451	10. November	1378
8. September	– 314	27. September	530	9. Juni	1456
25. Mai	– 239	15. März	607	26. August	1531
12. November	– 163	2. Oktober	684	27. Oktober	1607
6. August	– 86	20. Mai	760	15. September	1682
10. Oktober	– 11	28. Februar	837	13. März	1759
25. Januar	66	18. Juli	912	16. November	1835
22. März	141	5. September	989	20. April	1910
17. Mai	218	20. März	1066	9. Februar	1986
20. April	295	18. April	1145	Juli	2061
		28. September	1222		

Man ersieht daraus die zwischen etwa 79 Jahren und 75 Jahren schwankenden Umlaufszeiten. S. V.

Er gehört sicher nicht zu den glanzvollsten, mächtig nach außen sich offenbarenden, sogar bei Tage sichtbar werdenden Kometenriesen, wie sie das vergangene Jahrhundert so prachtvoll darbot. Aber es ist gerade durch seine relative Beständigkeit etwas Einzigartiges an ihm. Seine Erscheinungszeiten sind zwar nicht so exakt in ihrem Ablauf wie die von Sonne, Mond und den Planeten mit ihren Monden, aber doch regelmäßiger als die aller seiner Geschwister. – Seine Bahn ist gegen die gemeinsame Bewegungsbahn von Sonne, Mond und den Planeten unsereres Systems, die Ekliptik, erheblich (168°) geneigt und seine Bewegungsrichtung jenen entgegengesetzt, also rückläufig.

Soviel über die physische Erscheinung des Halley'schen Kometen. Wenn der Menschengeist aber darüber hinaus erfahren will, was dieser Komet im kosmischen *Leben* bedeutet und wie man ihn von der geistig-seelischen Seite des Daseins betrachten kann, so wird man die Forschungsergebnisse des Geistesforschers mit Verständnis in sein Denken aufnehmen und an dem einem zugänglichen Teil der Weltwirklichkeit prüfen wollen. So äußerte sich Rudolf Steiner zum Beispiel am 24.10.1923 folgendermaßen: «Der Halley'sche Komet hat die Aufgabe, in der gesamten menschlichen Natur sein eigenes Wesen so abzudrücken, daß diese menschliche Natur und Wesenheit immer, wenn er in die besondere Sphäre der Erde, wenn er in die Erdennähe tritt, dann einen Schritt in der Entwicklung des Ich weiter macht ... der dieses Ich herausführt in seinen Begriffen auf den physischen Plan. Zunächst hat der Komet seinen besonderen Einfluß auf die zwei unteren Glieder der menschlichen Natur (physischer und Ätherleib) ... da gesellt er sich zu den Wirkungen des Mondes hinzu. Wenn er nicht da ist, so ist die Mondenwirkung einseitig, die Wirkungen werden also anders, wenn der Komet da ist.»

Weiter wird ausgeführt, daß der Komet auf den physischen Leib und den Ätherleib so wirkt, daß diese gewisse feine Organe schaffen, die der Fortentwicklung des Ich angemessen sind – dieses Ich, wie es sich als Selbstbewußtsein tragendes Zentrum insbesondere seit dem Einschlag des Christusimpulses in das Erdendasein entwickelt hat. (Der Christus ist ja der wahre Freiheitsbringer der Menschheit.) Seit jener

Zeit haben die Kometenerscheinungen die Bedeutung, daß das Ich, indem es sich immer weiter von Etappe zu Etappe entwickelt, solche physische und ätherische Organe bekommt, wie es sie eben für seine weiteren Entwicklungsschritte braucht. Diese Entwicklung forderte für eine Zeitlang den Durchgang durch eine materialistische Epoche. Nur so konnte das Menschen-Ich, ganz auf sich allein gestellt, die nötigen Selbstbewußtseinskräfte sich erwerben, ohne die nicht eingetreten werden kann in die geistigen Bereiche des Daseins. Es mußte sich also z. B. das Gehirn so bilden, daß es fähig wurde, materialistische Gedanken zu bilden. (Das Studium der Geistesgeschichte der Menschheit zeigt uns deutlich, wie dies erst von einem gewissen Zeitpunkte und dann allmählich, von Jahrhundert zu Jahrhundert verstärkt, bis auf den heute erreichten Grad möglich wurde.) Die materialistische Gedankenwelt des späteren 19. Jahrhunderts, das Zeitalter eines Vogt, Büchner, Moleschott haben so ihre Zusammenhänge mit dem Erscheinen des Halley'schen Kometen von 1835. Auf das Erscheinen von 1759 folgte das «Aufklärungs»-Zeitalter in Europa. – So hat jeder Komet seine ganz besonderen Aufgaben; sind sie erfüllt, so löst er sich auf, zersplittert im All. (Solche Auflösungen konnten, wie bereits erwähnt, im vorigen Jahrhundert eindrucksvoll beobachtet werden.)

Hat nun die Schilderung Rudolf Steiners bisher das Förderliche, ja für die Entwicklung Notwendige der Wirkungen des Halley'schen Kometen betont, weist sie allerdings für die Erscheinungen des 17. und 18. Jahrhunderts bereits auf bedenkliche Nebenerscheinungen (anders kann man Werke wie Holbachs «Système de la nature», de la Mettries «L'homme machine» oder die Schriften der Materialistenpäpste des 19. Jahrhunderts nicht bezeichnen), so wird seine Darstellung besonders ernst, wenn er von den Impulsen spricht, die die nächste Wiederkehr des Kometen mit sich bringen könnte. Er könnte eine ganz besondere Steigerung der Büchner'schen usw. Denkweise bringen und sich damit als übler Gast erweisen! Es sei der Menschheit notwendig, sich künftig an höhere Wirkungen und Einflüsse zu halten; der Halley'-sche Komet würde nun nicht mehr ein fruchtbar förderndes Moment des Kosmos darstellen, sondern ein gefährliches; seine Aufgabe sei erfüllt. Jetzt sei es an der Zeit, nicht mehr materialistischen Entwicklungsimpulsen nachzugeben, sondern ihnen kraftvoll spirituelle Impulse entgegenzusetzen. Das materialistische Zeitalter muß durch ein spirituelles abgelöst werden. Schon das letzte Sichtbarwerden unseres Kometen im Sommer 1910 wurde durch Vorträge Rudolf Steiners im Frühjahr 1910 (z.B. im Zyklus «Der Christus-Impuls und die Entwicklung des Ichbewußtseins», Berlin 1909/10), nachdem auf die seichte Aufklärung des 18. Jahrhunderts, die banale materialistische Literatur der Büchner-Vogt-Moleschott-Zeit des 19. Jahrhunderts hingewiesen wurde, damit angekündigt, daß ausgesprochen wurde: in einen noch flacheren, abscheulicheren Materialismus könne in der Folge die Menschheit fallen. Es müsse ein gewaltiger Impuls zum Aufstieg nun folgen, um dies kommende Negative zu paralysieren. Wie ein Zeichen vom Himmel könne die kommende Kometen-Erscheinung auf eine Weg-Entscheidung deuten, in welcher die Menschheit die Wahl habe, entweder noch tiefer in den materialistischen Sumpf sich zu verirren oder aber große spirituelle Möglichkeiten zu ergreifen, die das angefangene neue Jahrhundert biete. Es sei eben doch ein lichtes Zeitalter angebrochen, berufen, die Dunkelheit des vergangenen materialistischen Zeitalters abzulösen. Insbesondere stünden neue Christus-Offenbarungen gnadenvoll der Menschheit bevor, allerdings nicht im Physischen wie vor 2000 Jahren, sondern in der «ätherischen Welt». Zu einem Schauen des Geistigen die ersten Schritte zu tun, das ist die wahre Aufgabe des 20. Jahrhunderts. Die Führerschaft des Christus ist hierzu auf neue Art zu finden.

Zunächst haben allerdings die auf 1910 folgenden Jahrzehnte nochmals eine mächtige Entfaltung rein materialistischer Impulse gebracht. Man betrachte die Kosmogonie, die Biologie, die Soziologie, die Pädagogik, die Medizin, die Geschichtswissenschaften in ihren Entwicklungslinien von 1910 bis jetzt: ein rein materialistisches Weltbild, ein rein materialistisches Menschenbild haben sich in ihnen zur Geltung gebracht. Zwei Kriegskatastrophen, wie sie die Menschheit noch nicht erlebt hat, liegen außerdem seither hinter uns. Nicht im spirituellen Bereich hat die Menschheit ihre Führerschaft gesucht, sondern sich sehr irdischer Führerschaft brutaler Machtgewalten willig unterworfen. Es ist wohl hier nicht nötig, mehr über die hinter uns liegenden 5 Jahrzehnte seit dem letzten Erscheinen des Halley'schen Kometen auszusagen. 1948 war die Hälfte der Zeit bis zu seinem nächsten Erscheinen im Jahre 1986 verflossen. Die vor uns liegenden Jahre werden energisch zu nützen sein, wenn nicht wahr werden soll, was z.B. der englische Schriftsteller Orwell in seinem ungefähr in diese Zeit verlegten Zukunftsroman («1984») prophetisch verkündigt. Werke wie das von Jungk «Die Zukunft hat schon begonnen» lassen uns allerdings Impulse in der Gegenwart sehen, die machtvoll auf Verwirklichung drängen und uns eine Welt des finstersten *praktischen* Materialismus als scheinbar unentrinnbar ankündigen. Das wirklich Schlimme ist dabei nicht die materialistische Erkenntnis-Überzeugung, sondern die handfeste materialistische Lebenspraxis. Materialismus im Denken läßt sich als Irrtum erkennen und überwinden; in den Willen aufgenommener Materialismus aber ist ein Wirklichkeit gewordener Irrtum. Er ist ein viel größeres Hindernis auf dem Menschheitswege.

Man kann heute vielfach hören, der Materialismus als Weltanschauung sei ja gar nicht mehr aktuell, er sei längst dadurch überwunden, daß die Anschauung über die Materie selbst sich völlig gewandelt habe in den letzten Jahrzehnten. Dies ist aber ein Irrtum. Materialismus ist überall dort, wo dem Weltenstoff, dem zu Formenden, die Priorität zugestanden wird vor dem Geistigen, dem Formenden – wie immer man auch diesen Weltenstoff sich vorstellen mag. Es sind nur die Vorstellungen über die Beschaffenheit dieses Weltenstoffes anders geworden; anstelle des Substanzhaften sind elektrische Gebilde getreten. Aber immer noch soll aus diesem Materiell-Unmateriellen – man darf es mit Recht Untermaterielles nennen – als einem Uranfänglichen «von selbst» die ganze Schöpfung aufsteigen und aus sich Sein und Bewußtsein gebären. Wenn auch anstelle des Mechanikers der Elektriker getreten ist, eine gewaltige materialistische Welle ist seit 1910 über die Erde gegangen, wenngleich es sich um einen viel raffinierteren Materialismus handelt als den vor 100 Jahren. Man baut elektrische

Automaten und nennt sie «Denkmaschinen»; man betraut diese mit Aufgaben, die sonst nur dem moralischen, gewissenhaften Denken vorbehalten waren, wie z. B. Entscheidungen über Krieg und Frieden. Man konstruiert Apparate, welche die Verhaltungsweise von primitiven Tieren nachahmen; was ist Seele dann noch anderes als «Verhaltensweise»? Man lese nur die begeisterten Berichte über die Dressur der elektrischen Schildkröte «Cora», die teils auf Lichteinflüsse, teils auf Stöße reagiert und auf zu komplizierte «Befehle» hin sogar «nervenkrank» werden kann. Ja, man ahmt sogar das menschliche Lernen nach, wenn man etwa Luftabwehrgeschütze baut, welche die Verhaltensweise, die Abwehrbewegungen eines Piloten «studieren» und dann den zukünftigen Ort ihres Zieles mit tödlicher Sicherheit erfassen sollen. – «Rohstoffquellen» sind der Gegenwart sicherlich viel wichtiger als Denkkraftquellen. Das Verlangen, Stoff in breitestem Umfange zu besitzen, treibt sogar zu den Versuchen, ins Weltall vorzustoßen, den Mond, den Mars zu erreichen.

Das Gleichgewicht ist herzustellen. Dies ist möglich, weil der Menschengeist in diesem Jahrhundert durch das Wirken großer Persönlichkeiten sich neue Tore erschlossen hat in die Reiche des Geistigen. Es gilt, ebenso hoch in die Gebiete des Übermateriellen aufzusteigen wie in die Welt des Untermateriellen abgestiegen worden ist. «Wie erlangt man Erkenntnisse der höheren Welten» – dies ist die schicksalsentscheidende Frage der Gegenwart. Der Mensch, der sich als Geist erkennt, er allein wird die materielle, die untermaterielle Welt meistern.

1759 – 1835 – 1910: Stufe für Stufe hat sich ein Feld der Entscheidungen herabgesenkt, aus einem mehr gedanklichen Gebiet in das entscheidender Lebenswirklichkeit. Wie aus einem dünnen luftigen Nebelbereich hat es sich zu derber Tatsächlichkeit des alltäglichen Lebens verdichtet. De la Mettrie *dachte* noch l'homme maschine; wir *bauen* ihn. Alles reift auf große Entscheidungen zu. Wie soll die Welt von 1986 beschaffen sein, wie kann sie beschaffen sein? Welche Ideen, welche Ideale sollen sich bis dort verwirklichen? Es geht nicht mehr an, daß man die Zukunft an sich herantreiben läßt, wie etwa der am

Meeresstrand Stehende die Wogen des Ozeans. Diese Zukunft lebt bereits in den Willensimpulsen der Menschheit; wir müssen die *Gestalter* dieser Zukunft werden wollen, nicht ihre Opfer. Es wird das Schicksal einer Generation sein, die jetzt erst als Kinder oder noch ungeboren da ist, im Geschehen und den Auswirkungen des neunzehnten Jahrhunderts und der letzten Jahrzehnte zu leben. Für diese gilt es, den freien Raum zu schaffen, in dem sie – nicht unsere! – sondern ihre Impulse ausleben kann. Es müßten mit solchem Verantwortungsgefühl für diese nächste und die übernächste Generation sich möglichst viele die Frage vorlegen: Wie soll – ganz konkret – das Jahrhundertende beschaffen sein? Im *Bewußtsein* lebt die Zukunft ja erst als Idee, als Gedanke; eine, zwei Generationen später wird das Gedachte äußere Wirklichkeit.

In diese kommende Wirklichkeit reichen heute erst die Intuitionsorgane der Seher, der Dichter. Sie haben schon in den ersten Jahrzehnten dieses Jahrhunderts gesprochen. Hamerling schrieb seine Homunkulusvision, der große russische Denker und christliche Philosoph Wladimir Solowjow die Erzählung vom Antichrist. Albert Steffen dichtete den «Sturz des Antichrist», dessen apokalyptische Bilder uns mitten in die Zeit der nächsten Wiederkehr des Halley'schen Kometen versetzen. Mit dem Hinweis auf diese geniale dramatische Dichtung möchte unser Ausblick in die Zukunft abschließen; möge sie zu einem der gelesensten Bücher unserer Zeit werden, über möglichst viele Bühnen gehen, an allen Stätten der Erde, wo Zukunftsentscheidungen fallen werden.

Die früheren Erscheinungsjahre
des Halley'schen Kometen

Nach rückwärts blickend sei eine kurze Überschau versucht der Ereignisse und menschlichen Leistungen, die sich in vergangenen Jahrhunderten an die Erscheinungsjahre des Halley'schen Kometen jeweils anschlossen. Es ist damit nicht mehr beabsichtigt, als eine Reihe von Aphorismen, von Aperçus zu geben.

An das Jahr 1835 schlossen sich an Erfindungen oder technischen Fortschritten folgende an: die erste Eisenbahn in Deutschland; der Morse'sche Schreibtelegraph; die Daguerreotypie; die Vulkanisierung des Kautschuk; die Gasfeuerung; die elektrische Uhr; die Entdeckung der elektrischen Selbstinduktion. Neben die naturwissenschaftlich-materialistischen Schriften trat die materialistische Bibelkritik (Strauß usw.). – Liebig begründete die Agrikulturchemie. Der erste Schraubendampfer fuhr, Nähmaschine, Nitroglyzerin, Schießbaumwolle wurden erfunden, die Sicherheitszündhölzchen, der Kohlelichtbogen, die Francis-Wasserturbine. 1844 stülpte Marx die Hegel'sche Philosophie ins Materialistische um, 1848 erschien sein «Kommunistisches Manifest». Zeiß gründete seine Erzeugungsstätte für Mikroskope – alles das geschah in den auf 1835 folgenden 15 Jahren. Die Versuche der ersten Jahrzehnte dieses Jahrhunderts zur Schaffung einer spirituellen Naturwissenschaft wurden resolut zur Seite geschoben, das Zeitalter der Triumphe der Elektrizität und Chemie begann. Es soll nicht im geringsten versucht werden, diese Zeit moralisch zu verurteilen; ihr Aufbruch war so elementar, ihre Erfolge für die Beherrschung des physischen Planes so gewaltig, daß man daran sofort den Eindruck erleben kann, etwas Welt-Notwendiges habe sich vollzogen. Aber der Kaufpreis für diese Fortschritte war ein hoher; tragisch haben ihn viele der größten Geister des Jahrhunderts empfunden. «Exstirpation des deutschen Geistes» hat Nietzsche die folgende Epoche bezeichnet. Die

Sonne der Goethe-Zeit mußte untergehen, um neuen Richtlichtern Raum zu geben, nach denen sich das 19. Jahrhundert ausrichtete.

Das Jahr 1759 bringt die vorhergehende Erscheinung des Halley'-schen Kometen, die erste erwartete und vorhergesagte. Auf es folgen als bedeutende Fortschritte auf dem Gebiet der Eroberung des Materiellen: der erste Blitzableiter (1760), die erste Schädelmessung (des holländischen Anatomen Campen). Morgangny begründet die pathologische Anatomie. Die Perkussion (Abklopfen) als Untersuchungsmethode kommt auf. Droz baut seine Automaten, darunter einen schreibenden. Harrison baut das erste Chronometer (für die Ortsbestimmung auf See). Spallanzani entdeckt die Konservierung durch Luftabschluß, Arkwright baut seine Spinnmaschine. Die industrielle Revolution in England beginnt. Weitere Daten sind: die erste Elektrisiermaschine, die ersten Rechenmaschinen (1770, Hahn), Sauerstoff und Stickstoff werden entdeckt (1771, 1772). Lavoisier stellt das Massen-Erhaltungs-Gesetz auf, das die Ewigkeit und Unzerstörbarkeit der Materie verkündet. Priestley untersucht das Verhältnis von Materie und Geist, er führt das geistige Leben auf mechanische Gehirnschwingungen zurück. Laplace sucht die alles Dasein in seinen Abläufen beschreibende Weltgleichung. Er – und Kant – schaffen die neue Genesis: Am Anfang war der materielle Urnebel. Watt baut seine Dampfmaschine. Der erste Ballonaufstieg erfolgt. Die Chlordesinfektion wird entdeckt, die Bereitung von Papier aus Holz. K. F. Wolf versucht die Entwicklung der Lebewesen als Auswickelung aus dem Keim (Epigenese) zu verstehen. – Ein sonst wenig beachtetes, aber wichtiges Geschehen ist die rasche Ausbreitung des Kartoffelanbaus in Europa; um diese Zeit wird diese amerikanische Knollenpflanze Volksnahrungsmittel. Was dies bedeutet, darauf hat Rudolf Steiner öfter hingewiesen. Die Kartoffel wirkt stark auf den Kopf, sie fördert den Aufbau eines Gehirns, das besonders dazu geeignet ist, materialistische Gedanken zu denken. Sogar von der Ernährungsseite her erfährt also die damalige kulturtragende Menschheit eine starke Förderung für ein Sichhinwenden vor allem auf alles materielle Sein.

Daß diese Zeit auch die der seichten Aufklärung ist, die fanatische

Formen annimmt und mit dem Kult der Göttin Vernunft endet, wurde bereits erwähnt. Wir fügen hinzu das Wirken der Enzyklopädisten, den «Contract Social» Rousseaus, das Wirken Voltaires, um das Bild abzurunden. Natürlich vollziehen sich auch noch ganz anders gerichtete geistige Ereignisse in diesem Jahrhundert; wir brauchen nur an Mozart, Goethe, Schiller zu denken. Doch werden diese in ihren tiefsten Bestrebungen gar sehr «Kämpfer gegen ihre Zeit». Es soll auch nicht behauptet werden, daß die eben skizzierten Züge das ganze Wesensbild der zweiten Hälfte des 18. Jahrhunderts andeuten, sondern eben nur seinen materiellen, ja materialistischen Einschlag.

Das 17. Jahrhundert bringt zwei Erscheinungen des Halley'schen Kometen: 1607 und 1682.

Die Jahre nach *1682* bringen ebenfalls sehr charakteristische Fortschritte auf dem Gebiete des Ergreifens der Materie, die ein materialistisches Denken für die Zukunft begründen oder unterbauen. Leeuwenhock richtet das von ihm verbesserte Mikroskop auf die Welt der Kleinstlebewesen, entdeckt Bakterien, Infusorien, die Blutkörperchen, die Spermatozoiden. Newton schreibt seine grundlegenden Arbeiten; das Trägheitsgesetz, der Kraft-, der Impulssatz, das Gravitationsgesetz werden formuliert, die Kepler'schen Gesetze daraus abgeleitet, der «Geist der Schwere» wird zum Weltprinzip. Die Farbenlehre, die das Wesen des Lichtes so sehr verkennt, schließt sich an. Leibniz stellt das Gesetz der Erhaltung der Kraft auf. Boyle stellt der Elementenlehre der Alten, die viel spiritueller gewesen war, aus seinen Arbeiten im Gebiet der chemischen Analyse den neuen Elementbegriff entgegen. Huygens entwickelt die Wellentheorie des Lichtes, er schätzt die erste Fixsternentfernung. Geoffroy stellt den Affinitätsbegriff auf für das, was die Elemente nun zusammenführt. Halley zeichnet – für die Seeschiffahrt – die ersten Magnetkarten. Bernoulli faßt die Kombinations- und Wahrscheinlichkeitsrechnung zusammen, Picard baut die ersten Feinmeßeinrichtungen am Fernrohr. Halley findet die Abbildungsgleichungen für optische Linsen. Er stellt die ersten Sterbetafeln auf. Dies alles bahnt einem rein statistischen Denken den Weg. – Locke begründet die englische Aufklärungsphilosophie und betont das Primat des

Sinnenfälligen, empirisch Erfahrbaren. Ray macht die Anatomie zur Grundlage der Tierkunde. – Die Bank von England wird gegründet; die von den Zunftgesetzen sich befreiende Manufaktur-Arbeitsform blüht in England auf (Tapeten-, Tabak-, Textil-, Kutschenmanufaktur). Das gegossene Spiegelglas kommt auf. Überhaupt entwickelt sich, vor allem in England, Unternehmertum und Kapitalismus. – Der Kaffee wird, von Wien aus, europäisches Getränk. Die arabischen Märchen – 1001 Nacht – werden übersetzt und dringen ins Geistesleben ein.

Im Jahr *1607* erscheint der Komet zum ersten Mal für das 17. Jahrhundert. Wir blicken in die Epoche, in der Bacon von Verulam seine große Wirkung ausstrahlt, welche die materialistische Denkweise als umgewandelten, fortentwickelten «Arabismus» siegreich durchsetzt. Er nennt dies den «Aufbau aller Wissenschaften auf der unverfälschten Erfahrung». Der arabische Kultureinschlag der bedeutendsten antischolastischen Denker, eines Avicenna, Averrhoës, setzt sich auf diesem Umwege, nun vom Westen kommend, durch, obwohl die politische Macht des Arabertums endgültig aus Europa verdrängt ist und die Hochscholastik auch den geistigen Sieg vor 4 Jahrhunderten errungen hatte. – Das von Galilei entscheidend verbesserte Fernrohr wird nun in die Himmelstiefe gerichtet; Galilei entdeckt damit die Mondgebirge, die Venusphasen, den Saturnring, die Sonnenflecken, die ersten Jupitermonde, Marius den ersten Spiralnebel. Es erscheinen die entscheidenden Werke Johannes Keplers. Napier stellt die erste Logarithmentafel auf, Snellius nimmt die erste moderne Landvermessung durch Triangulation vor. Harvey entdeckt den doppelten Blutkreislauf. – Die erste Getreidebörse in Amsterdam wird eröffnet, der Scheck als Zahlungsmittel führt sich allmählich ein. Van Helmont weist auf die Substanzerhaltung bei chemischen Umsetzungen hin. Das Thermometer, der logarithmische Rechenschieber werden – in primitiver Vorstufe – gebaut. Campanella schreibt die Utopie vom «Sonnenstaat». Die erste Weißblechfabrikation entsteht im Erzgebirge. Die erste Kartoffel wird in Deutschland gepflanzt, der Tabakgenuß breitet sich durch die Kriegszüge rasch aus. Überhaupt bereitet sich die große Kulturkatastrophe des Dreißigjährigen Krieges vor. Die spirituellen Impulse des Rosenkreuzertums werden damit äußerlich vernichtet. – Die Geldwirtschaft setzt sich gegenüber der Naturalwirtschaft immer mehr durch. Dudley beginnt die erste Kokserzeugung, welche später die Holzkohle verdrängt und erst die Eisengewinnung im großen Maßstab ermöglicht. Es erscheinen ferner, das Maschinenzeitalter vorzubereiten, viele reich illustrierte Werke über Maschinenbau. – Die Mayflower landet an der nordamerikanischen Küste. Die Einfuhr von Negersklaven nach Amerika beginnt.

Im Jahr 1531 bringt das Erscheinen des «großen (Halley'schen) Kometen», mit Flugblättern allgemein zur Kenntnis gebracht, viel Furcht. – Agricolas Bergwerkbuch «de re metallica» fördert sehr die Bergwerktätigkeit in Europa und dem neu entdeckten Amerika. – Das Spinnrad verdrängt die Spindel, der Schraubstock kommt in Gebrauch. Marchi konstruiert eine Taucherglocke. Die Ätherherstellung wird erfunden, gegossene Bleirohre kommen auf. Hartmann entdeckt die Inklination der Magnetnadel. Geräte aus Gußeisen breiten sich aus. – Der erste botanische Garten wird in Europa (Padua) angelegt. Brunfels begründet (mit seinem «Kräuterbuch») die neuere Botanik. Cordus' «Botanologicon», der erste Versuch einer wissenschaftlichen Botanik, erscheint. Man wird auf den Kautschuk aufmerksam. Es erscheint das Maschinenbaubuch von Biringuccio. Durch Kopernikus («de revolutionibus orbium coelestium») wird die ptolemäische geozentrische Anschauung vom Bau des Kosmos zugunsten der heute herrschenden entthront. Dadurch wird der Kosmos allmählich zum gigantischen Räderwerk, man beginnt bald von Himmelsmechanik zu sprechen. Für Geistig-Wesenhaftes ist in ihm kein Platz mehr, nur mehr für materielles Sein. Vesalius schreibt sein bahnbrechendes anatomisches Werk, das die moderne Anatomie begründet. Als feierliches Schauspiel vor geladenen Gästen nimmt er in Paris vier Leichenöffnungen vor. – Die Börse in Antwerpen, von Weltgeltung, wird eröffnet. Geld- und Wechselbörsen entstehen in Augsburg und Nürnberg. Die Wechselmesse in Besançon zum Ausgleich internationaler Zahlungen wird begründet. Die neuentdeckten Silberminen Amerikas ermöglichen eine allgemeine europäische Geldwirtschaft. Die Augsburger Fugger erreichen den Gipfel ihrer Macht und Geltung.

Im 15.Jahrhundert erscheint der Halley'sche Komet im Jahre *1456.* Er wird von Regiomontanus auf seiner von einem Nürnberger Bürger zur Verfügung gestellten Sternwarte so genau in seinem Lauf beobachtet, daß Halley – über 2 Jahrhunderte später – nach den Newton'schen Theorien die Bewegungsform und den periodischen Rhythmus der Wiederkehr dieses Schweifsternes auffinden kann. – Derselbe Regiomontanus erfindet um diese Zeit die Dezimalbrüche. – Wir befinden uns in der Zeit des Humanismus und der Frührenaissance, der Erfindung und Ausbreitung der Buchdruckerkunst. Das Fugger'sche Haus wird zum bedeutendsten Bankhaus des Frühkapitalismus. Viele neue Universitäten werden, aus den humanistischen Impulsen heraus, um diese Zeit in Europa (15–20 Jahre nach 1456) gegründet. Die erste Landkarte von Mitteleuropa (Nikolaus v. Kues), eine Weltkarte von Fra Mauro werden gezeichnet, unter dem Einfluß der beginnenden Besitzergreifung der ganzen Erde durch das anbrechende Zeitalter der Entdeckungen – zunächst der portugiesischen in Afrika. Venedig entwikkelt sich zum Zentrum des damaligen Buchdrucks und Buchhandels, Florenz wird durch die Mediceer ein Renaissance-Zentrum. Mentelin druckt (in Straßburg) die erste deutsche Bibel. – Das Geschützwesen wird entscheidend verbessert. Das Hemmwerk der Räderuhr kommt auf. Es erfolgt der erste Druck eines technischen Werkes durch Valturio in Verona (u. a. mit der Zeichnung eines Windradwagens!).

Das 14.Jahrhundert sieht den Kometen im Jahr 1378 und zu Beginn, 1301. Die anderthalb Jahrzehnte nach *1378* berichten von dem Erstreben größerer Portraitähnlichkeit in der spätgotischen Plastik (Peter Parler), die älteste erhaltene Totenmaske stammt aus jener Zeit (von dem engl. König Eduard III.). Der Herzog v. Anjou erteilt den Medizinern die Erlaubnis, jährlich eine Leiche zu sezieren. Das induktive Denken beginnt in den Wissenschaften das deduktive Denken abzulösen. – In Nürnberg kommt der Trittwebstuhl auf, in Augsburg die Gewehrfertigung und die Fingerhutherstellung; das Wasserrad wird als Antrieb für verschiedene Industrien, die Schleiferei, die Papierherstellung, üblich; das Windrad, bisher bloß den Arabern bekannt, breitet sich in Europa aus. «Über die Entstehung, die Natur, das Recht und die Veränderungen des Geldes» wird geschrieben, der rheinische Münzverein gegründet, um die verschiedenen Geldarten einer Gegend aufeinander abzustimmen. – Im Rechtswesen tritt anstelle der Gottesurteile – in denen man die Sprache des Göttlichen zu vernehmen versucht hatte – die menschliche Aussage, das Geständnis. Dies führt zu den Versuchen, ein solches zu erzwingen – und damit zur Folter als Rechts-Einrichtung. – Die Schweiz befreit sich von Österreich (Sempach). Die ersten Streiks, solche der Gesellen der Schusterzunft (Straßburg), Schneiderzunft (Konstanz), der Weber (Florenz) um bessere Rechtsverhältnisse brechen aus; es kommt zu einem großen, blutig unterdrückten Bauernaufstand in England. – In England entwickelt sich mit dem Merkantilismus die Einrichtung der Handelsbilanz.

Das Jahr *1301* und die auf es folgenden anderthalb bis zwei Jahrzehnte folgen nun in unserer Rückschau. Es ist die Zeit des sich ausbreitenden Thomismus, aber auch des Einbrechens der Türken in Kleinasien. Dante flieht aus Florenz. – In dieser Zeit haben wir die erste gerichtliche Leichenöffnung, ferner die erste öffentliche Leichensezierung – durch di Luzzi in Bologna –, die dann zum ersten Lehrbuch für Anatomie führt. – Die Malerei jener Zeit zeigt die ersten Anfänge einer Raumtiefe erfassenden Landschaftsdarstellung (Giotto di Bondone). Durch die Bulle «Unam sanctam» ergreift Papst Bonifatius VIII. gleichsam die ganze physische Existenz der Erdenmenschheit mit Machtanspruch; die weltliche Obrigkeit führe nur das «weltliche Schwert» im Auftrage der Kirche. Philipp der Schöne von Frankreich aber, von wahnsinnigem Durst nach physischem Goldbesitz dämonisch besessen, vernichtet den Templerorden und reißt dessen Schätze an sich. – Die Textilindustrie breitet sich in England und Flandern aus, England exportiert Wolle und Tuche nach ganz Europa; die Tuch-Erzeugung von Ypern verneunfacht sich in sieben Jahren, von 1306–13. Visconti zeichnet eine Seekarte der damals bekannten Erde. Die Schmiedekunst nimmt einen hohen Aufschwung, wasserradgetriebene Eisenhammerwerke kommen in Deutschland auf. Seidenwebereien entstehen in Deutschland und Italien. Die Kenntnis der Länder des Ostens verbreitet sich durch Marco Polos Reiseberichte. Der Araber ben Gerson beschreibt die Lochkamera – zu Zwecken der Sonnenbeobachtung.

1222 ist das Erscheinungsjahr des Kometen im 13. Jahrhundert. Wir befinden uns im Zeitalter Friedrichs II. und Dschingis Khans. Die heiligen Stätten in Palästina kommen durch Verträge Friedrichs und Saladins in christlichen Besitz. Durch den in Sizilien regierenden Friedrich verbreitet sich aber arabische Kunst und Wissenschaft. Für die Ärzte wird zur Zulassung eine «Staatsprüfung» – an der Universität Salerno – gefordert. Bedeutende Universitätsgründungen fallen in diese Zeit (Neapel, Toulouse, Cambridge). Das arabische Granada erreicht seine Hochblüte. Die alfonsinischen Sterntafeln werden aufgestellt (Verbesserung der Ptolemäischen Epizyklen-Theorie der Planetenbewegungen). Jordanus Nemorarius untersucht zum ersten Mal mechanische *Bewegungs*probleme; bisher hatte man nur Gleichgewichte studiert. In einer technischen Handschrift des Engländers Wilars findet sich die Skizze eines Sägewerks mit Wasserradantrieb. Ibn al Baitar schreibt eine große Zusammenfassung des arabischen Heilmittelwesens, «Buch der einfachen Arzneimittel». – Etwas später wirkt Roger Bacon, der «Doktor mirabilis», der verschiedene später gemachte Erfindungen (Schießpulver, Sammellinse) vorausahnt; er wandte als erster bewußt das Experiment – anstelle der reinen Naturbetrachtung – an.

1145, eine Umlaufszeit weiter zurück: Um diese Zeit breitet sich der deutsche Bergbau, der wichtigste der damaligen Welt, rasch aus. Zahlreiche arabische Werke werden ins Lateinische übersetzt. Das Schachspiel kommt aus dem arabischen Kulturkreis nach England. In Spanien kommt die arabische Kunst zu hoher Blüte, sie bringt die Papierbereitung ins Land. Averrhoës in Cordoba beginnt sein Wirken. Die medizinische Schule in Salerno erreicht ihre Blütezeit – arabische Einflüsse durchdringen und bestimmen sie. König Roger macht die Zulassung von Ärzten von einer Prüfung an dieser Universität abhängig. – Im übrigen befinden wir uns in der Zeit der Frühscholastik und des zweiten Kreuzzuges.

1066, das Jahr des vorhergehenden Erscheinens: Die hohe Schule von Bagdad ist gegründet und wird rasch Mittelpunkt und Ausstrahlungszentrum arabischer Kunst und Wissenschaft mit ihrem feinen, aber stark materialistischen Denken. – England fällt – durch den Sieg bei Hastings – Wilhelm dem Eroberer zu. Auf einem von seiner Gemahlin gewobenen Teppich ist das Bild unseres Kometen dargestellt. – Der Abendmahlstreit entfacht sich, weil die Kraft nicht errungen ist, Materie so zu denken, daß die Transsubstantiation begreiflich ist.

989, ein Umlauf früher: Die Angst vor der Jahrtausendwende, dem möglichen Weltuntergang, durchzieht das damalige Europa. – Wikingerfahrten nach Nordamerika über Island und Grönland lassen den westlichen Kontinent gleichsam am Horizont auftauchen, doch gelingt den um die geistige Entwicklung Europas besorgten Kreisen der Kirche noch die Geheimhaltung dieser Entdeckungen. – In den Städten breitet sich das Handwerkswesen, abgetrennt von den Klosterwerkstätten, aus. – Es wird von (mißglückten) Flug- und Schwebversuchen aus dem arabischen Kulturkreis berichtet.

912: Aus der arabischen Welt ist das alchymistisch-chemische Wirken Gebers zu nennen (nach dem das Glaubersalz benannt ist). Die Märchen aus Tausendundeiner Nacht werden gesammelt. Der arabische Arzt Rhases beschreibt die ansteckenden Krankheiten. Die Universität Salerno, später berufen, so viel arabischen Einfluß aufzunehmen, wird gegründet. Die Kunst der Papierherstellung und Zuckerbereitung kommt durch die Araber nach Kairo. – Die Schiffbaukunst der Wikinger erreicht den hohen Stand, der sie zum ersten seefahrenden Volk der damaligen Welt macht.

837, das Jahr des Erscheinens im 9. Jahrhundert. Es ist das Jahrhundert, das – 32 Jahre nach dem Erscheinen des Kometen – im Konzil zu Konstantinopel den Geist abschafft und damit gleichsam eine Summe zieht für das Bestreben, das Dogma anstelle lebendiger Erkenntnisbemühung zu setzen. Gleichzeitig kommt die Reliquienverehrung zu einem Gipfel, die an die toten physischen Reste heftet, was sich mit dem geistigen Wesen verbinden sollte. Jedoch, «der, den Ihr suchet, ist nicht hier». Durch dieses Konzil ist auch die endgültige Trennung der West- von der Ostkirche vollzogen. – Mönch Gottschalk verkündet in Fulda: Zur Seligkeit oder Verdammnis sei man prädestiniert. – Der Bilderstreit wird abgeschlossen. – In Oberitalien breitet sich der Kunststein-(Ziegel-)Bau aus. In Marseille blüht das Seifensiederhandwerk auf. Die Bäckerei wird Verkaufsgewerbe. In England beginnt man zum Heizen Steinkohle statt des lebendigen Holzes zu verwenden. In China werden der Buchdruck – ohne bewegliche Lettern – sowie das Papiergeld bekannt.

760: Al Mansor macht Bagdad zur Hauptstadt des arabischen Reiches. Durch Übersetzung der antiken, vor allem griechischen Schriften ins Arabische wird der Ausgangspunkt der arabischen Medizin, der Wissenschaften überhaupt, gelegt und damit die Umbiegung des Grundimpulses ins Materialistische vorbereitet. Die erste Apotheke wird in Bagdad eröffnet; damit trennt sich die Arzneikunde von der Heilkunde. Sie begibt sich auf den Weg einer Stoffwissenschaft, an dessen Ende das Menschengemäße der Heilmittel verlorengegangen sein wird. Die Araber übernehmen auch – als großes See- und Handelsvolk des Ostens – wichtige chinesische Erfindungen, z.B. die Papierbereitung. – 756 ist der Kirchenstaat begründet.

684: Die Trullanische Synode verbietet die symbolische Darstellung Christi zugunsten der leiblichen. – Steinerne Kirchenbauten verdrängen in England die bisher üblichen hölzernen. – Die Araber dringen über Afrika in Spanien ein. – Der Mühlenantrieb mit Wasserrädern breitet sich rasch in ganz Europa aus.

607: Mohammed schreitet über die Weltbühne. 622, die Hedschra, ist Beginn der Zeitrechnung des Islam. Durch die Akademie von Gondi Schapur bereitet sich vor, daß künftig die antike Naturwissenschaft, durch das arabische Wesen filtriert und materialistisch gefärbt, nach Europa fließt. Isidor v. Sevilla schreibt eine Enzyklopädie aller Wissenschaften. Besonders die Chirurgie macht damals bedeutende Fortschritte.

530: Justinian hat die letzte Philosophenschule in Athen schließen lassen, und damit wird die Spiritualität des Ostens endgültig aus

Europa herausgedrängt. Anstelle geistiger Forschung tritt Dogmenver-
kündigung durch Konzilsbeschlüsse. Anstelle des den Christus ver-
kündenden Kreuzsymbols tritt die Darstellung des gekreuzigten Jesus-
leibes. – Bei Belagerung Roms durch die Goten taucht zum ersten Mal
die Schiffsmühle auf.

451: Papst Leo I. versucht auf dem Konzil zu Kalzedon durch Dogma
zu entscheiden, wie der Christ über das Verhältnis der göttlichen zur
menschlichen Natur des Christus zu denken habe: als Doppelnatur
oder «ungetrennt und unvermischt». – Die syrische Glaskunst erhebt
sich zu meisterlichem Können, versteht Gefäße mit Fadenauflage,
geschnittenen und geätzten Mustern herzustellen.

374: Auf dem 2. Konzil zu Konstantinopel wird durch Dogma ent-
schieden, wie über die drei göttlichen Personen zu denken sei
(Wesensgleichheit, nicht Wesenseinheit). Das Christentum wird zur
Staatsreligion und verbindet sich dadurch mit den Machtimpulsen des
sehr irdischen Römertums. Die durch das Griechentum ergriffene
östliche Spiritualität wird nach dem Osten wieder zurückgedrängt. Der
Impuls selbständigen Forschens erlischt damit im Abendland für über
ein Jahrtausend. Christen verbrennen die Serapeionbibliothek in Alex-
andrien (mit 200 000 Rollen). – Augustinus steht der Gnosis verständ-
nislos gegenüber. – Castorius fertigt eine Straßenkarte des römischen
Weltreiches. Aus der Buchrolle entsteht die heutige Buchform. Stein-
sägewerke werden mit Wasserradantrieb gebaut. – Im übrigen ist es
die Zeit der Hunneneinfälle und der Völkerwanderung.

295: Pappos v. Alexandria beschreibt die 5 einfachen Maschinen,
findet die Jahrhunderte später von Guldine entdeckte Regel zur
Berechnung von Körperinhalten. Die Kunst, Bronze zu emaillieren,
wird in Gallien bekannt, in China baut man eiserne Hängebrücken.
Sushruta, ein indischer Arzt, beschreibt 1100 Krankheiten und 760
Heilmittel, lehrt Diagnostik durch den Gebrauch der fünf Sinne. Die
Kunst, gläserne Gefäße zu verzieren, erreicht in Rom ihre Reife.
Maternus verwendet die Bezeichnung Scientia chimae für Chemie,
wobei Chémi Ägypten, das dunkelerdige Land bedeutet, dessen Kul-
turepoche ja die Menschheit zuerst ganz auf die materielle Erde gerich-

tet und ihr durch den Mumienkult die Bedeutung des Physischen eindringlich vorgestellt hat. Die Chemie ist ja in der Tat das Wissen von den Beziehungen des toten Stoffes und damit eine rechte Mumienwissenschaft geworden, ein Wissen vom Dunklen; denn als finster erlebte die geistschauende Menschheit einer alten Zeit den geistentblößten toten Stoff. – Wir haben die Zeit der letzten großen Christenverfolgung vor uns (unter Diokletian); bald nachher heftet aber Konstantin das Christuszeichen auf die römischen Feldzeichen.

218: Das Christentum gibt die prinzipielle Verurteilung des Reichtums auf, der Gottesdienst geht von der griechischen zur römischen Sprache über, der Bischof von Rom wird Papst, schwarz wird als Trauerfarbe übernommen. – In Galen kommt in der Viersäftelehre eine alte hellsichtige Art der Medizin zu dogmatisch-starrem Abschluß. – 230 entstehen in Rom Technikerschulen zur Förderung des Ingenieurwesens, vor allem für die Kriegstechnik. In Ägypten kommen Mumien*bilder* (auf Holz) auf. – Die Sänfte wird allmählich durch den Wagen in Rom verdrängt.

141: In Rom tritt an die Stelle der antiken Feuerbestattung immer mehr die Erdbestattung. Die ersten Christus-Bilder treten auf, bisher waren nur symbolische Zeichen verwendet worden. In China tritt Schreibpapier anstelle der bisher verwendeten Holztäfelchen. Im übrigen ist es die Zeit des Marc Aurel, des vordringenden Mithraskultes, des Ptolemaios, der mit Armillarsphäre und steinernen Mauerquadranten die Sternorte durch Messung festlegt.

66, das Erscheinungsjahr unseres Kometen im 1. Jahrhundert; wir befinden uns im Zeitalter Neros, Titus', der Zerstörung Jerusalems, des gewaltsamen Todes der Apostelfürsten Petrus und Paulus. Die Cäsaren erzwingen die Einweihung in die Mysterien, die Vergöttlichung ihrer Person. – In Indien kommt es – nach 6 Jahrhunderten! – zur ersten körperlichen Darstellung Buddhas, nachdem bisher nur symbolische Darstellungen üblich gewesen waren. – In Spanien und Gallien entstehen Glashütten, in Sidon (Phönizien) wird das erste Glas in Hohlformen geblasen und dabei mit Reliefschmuck versehen. In Pompeji sind Luftzentralheizungen und Heißwasserbereiter im Gebrauch. In römischen Getreidemühlen drehen aber noch Menschen an Göpeln die Steine. – Plinius beschreibt in seiner Naturgeschichte die Künste der Metallgewinnung, Ziegelei, Töpferei, Gerberei, Bäckerei, der Ölpressung, der Bereitung von Glas, Mörtel, Seife. In dem – auf hohem Stand befindlichen – römischen Landbau kommt der Radpflug auf.

–11 vor Christi Geburt, das Zeitalter des Augustus, der sich schon bei Lebzeiten als Gott verehren läßt. Die ins Materialistische abgelenkte Messiaserwartung des jüdischen Volkes bereitet die tragische Unfähigkeit vor, den Christus zu erkennen. Die griechische Philosophie verfällt. – Vitruv schreibt sein berühmtes Werk über Baukunst. Die erste öffentliche Bibliothek wird in Rom eingerichtet.

–86: Der Skeptizismus gewinnt in der Philosophie die Überhand. Asklepiades aus Prusa vereinigt die Medizin mit der Atomenlehre (gegen die Säftelehre). Der erste Bericht einer Getreidemühle mit Wasserrad (Kabira, Kleinasien) liegt vor. Poseidonios stellt eine astronomische Kunstuhr in Rom auf. Die Warmluft-Zentralheizung wird dort erfunden. In Athen wird der «Turm der Winde» errichtet, mit Windfahne, Sonnen- und Wasseruhr.

–163: Das Zeitalter, in dem Judas Makkabäus kämpft (die ersten jüdischen Münzen werden geprägt), Rom und Karthago um die Vorherrschaft ringen. – In der Schauspielkunst fällt die Maske und damit das Überpersönliche des Darstellers. In Rom entwickelt sich Buchhandel und Buchverlag, die künstlerische Darstellung (auf Wandmosaiken) gewinnt naturalistische Züge. In Rom kommen die ersten Bäckereien auf, überhaupt beginnt das Brot anstelle der Breinahrung zu treten. Kratos v. Mallos stellt die Erde im Globus (mit vier Kontinenten und zwei Ring-Meeren) dar. Optische Buchstabentelegraphen, Hochdruckwasserleitungen mit Metallröhren werden in Griechenland erfunden. Karneades leugnet die Wahrheitskriterien der stoischen Philosophenschule, begründet eine Lehre der Wahrscheinlichkeit.

–239: Archimedes entdeckt das Hebelgesetz, das des hydrostatischen Auftriebs, des Hohlspiegels, der schiefen Ebene usw. – und trägt damit die Gedankenkraft der griechischen Philosophie in das Feld der Beherrschung des Physischen. – Polystratos, Epikuräer, lehrt: Moral und Recht kommen nicht aus göttlich-geistiger Quelle, sondern aus der menschlichen Konvention. – Baggerartige Schöpfeimerketten mit Wasserrad- oder Tretradantrieb werden erdacht. Die Öllampe kommt in Griechenland in Gebrauch.

–314: Epikur lehrt eine atomistisch-materialistische Naturerkenntnis und ein ganz irdisches Glückseligkeitsstreben. Zeno gründet die stoische Schule, Arkalaios trägt den Skeptizismus in die platonische Akademie. Der Mittelpunkt griechischen Geisteslebens verlagert sich nach Alexandria. Dikaiarchos bekämpft die Idee der Unsterblichkeit. Theophrast beschreibt in seinem Werk «Über die Gesteine» zum ersten Mal Steinkohle und Quecksilberbereitung. – Auf griechischen Münzen verdrängt das Herrscherbild das Götterbild. Demetrios Polyorketes verwendet auf seinen Kriegszügen mächtige Belagerungsmaschinen. In Rom wird die Via Appia durch die pontinischen Sümpfe hindurch gebaut.

–390: Demokrit begründet den Atomismus in der Philosophie. Antisthenes gründet die kynische Schule in Athen; nach ihm sind die Sinne die einzige Erkenntnisquelle. Der große griechische Satiriker Aristophanes zeigt, wie vieles an den alten Seelenkräften abgestorben ist, keine lebendige Verbindung mit der Geistwelt besteht mehr; der derb Erdverbundene spottet himmlischer Wolkenkuckucksheime. Neben das Erkenntnisringen eines Plato treten die Sophisten.

–465: Dies ist das erste Jahr, in dem wir Kunde vom Erscheinen des Halley'schen Kometen haben. Von früheren Erscheinungen ist nichts berichtet. – Leukippos, der Lehrer Demokrits, lehrt als erster, daß die Dingwelt aus Atomen besteht. Empedokles versucht eine mechanistische Erklärung der Entstehung der biologischen Arten. Um diese Zeit wird die erste Portraitbüste geschaffen, die des Perikles. – Wissen und Technik der Etrusker dringen in Rom ein. Die etruskischen Grabwandbilder haben naturalistische Züge. In Griechenland werden Wasseruhren zur Begrenzung der Redezeit bei Gerichtsverhandlungen verwendet.

Zusammenfassung

Hier endet unser Rückblick. In ihm ist versucht worden, Kulturereignisse anzuführen, die jeweils innerhalb zweier Jahrzehnte nach einem Erscheinen des Halley'schen Kometen sich vollzogen haben. Natürlich darf man derlei Angaben nicht pressen, sie sind auch nicht als «Beweise» angeführt, sondern nur als Symptome für Entwicklungsströmungen der Menschheitsgeschichte. Es wollte damit nicht eine geschichtlich-wissenschaftliche Arbeit gegeben werden, sondern nur eine Kette von Aperçus.

Man sieht aber, wenn der Rückblick zur Überschau wird, daß eine in Rhythmen sich verstärkende Tendenz der Entwicklung zum «Herausführen des Ich mit seinen Begriffen auf den physischen Plan» hervortritt. Diese Entwicklung benötigt für eine Zeit den Durchgang durch eine materialistische Epoche. Eine solche ist – um des Erringens der inneren Freiheit willen – vorübergehend menschheitsnotwendig gewesen. Sie kündet sich zunächst erst als *Denkmöglichkeit* an in der griechischen Philosophie. Sie zeigt sich dann darin, daß die physische Erscheinungswelt immer wichtiger genommen wird. Neben die Erforschung der materiellen Seite der Welt treten sodann die Erfindungen zur Beherrschung dieser materiellen Welt. Die Technik wird geboren und steigt zu Bedeutung, schließlich zu Weltbedeutung auf. Die ersten Anfänge sind zart, man möchte sagen: unschuldig. Die späteren Schritte führen zwar den Menschen von seiner Ursprungswelt ab, aber sie dienen dennoch seiner höheren Entwicklung, der Erkraftung der Ich-Wesenheit, des geistigen selbstbewußten Eigenwesens, das für eine gewisse Zeit in Geistesferne leben muß, um den Freiheitsimpuls kraftvoll zu verwirklichen. Dann ist der Punkt erreicht, wo ein Fortschreiten auf dem damals eingeschlagenen Wege nicht mehr dem echten Fortschritt dienen würde, wo das Heil in Unheil umschlüge.

Jetzt muß die Menschheit, will sie sich nicht von ihren Ursprüngen abschnüren, sich vom Materialismus ab- und einem spirituellen Sein wieder zuwenden. Das geistesdunkle Zeitalter ist jetzt zu Ende, ein lichtes will es wieder ablösen. Zu Zerstörung und Vernichtung würde ein Festhalten an der materialistischen Entwicklungsrichtung führen; das kann heutzutage ein «offenbares Geheimnis» für jeden Einsichtigen sein. Wir stehen an einem Scheideweg, der ein Wendepunkt der Menschheitsentwicklung werden soll. Die Fortsetzung der bisher eingeschlagenen Richtung würde nun in Kulturkatastrophen nach Kulturkatastrophen führen; den Anfang davon hat dieses Jahrhundert schaudernd erlebt. Vor weitere Prüfungen größten Ausmaßes sieht sich die ganze Menschheit gestellt. Für sie muß sie sich rüsten. Der Entfesselung ungeheurer Energien aus dem Atombereich muß sich die Entwicklung neuer, starker innerer Seelenkräfte und Geistesfähigkeiten entgegenstellen. Die alten, bisher entwickelten sind ohnmächtig, solchen Aufgaben in keiner Weise gewachsen. Die ausreichende Menschheitsrüstung wird man immer mehr in der Anthroposophie erblicken können, welche den Materialismus überwinden kann, da sie «das Geistige im Menschen zum Geistigen im Weltall führen» will.

Weniger als drei Jahrzehnte trennen uns von der nächsten Wiederkehr des Halley'schen Kometen. Der Kometennatur entsprechend ist er als vergängliches Gebilde vor nicht allzu langer Zeit zum ersten Male aufgetaucht und wird sich einmal auflösen, zersplittern. Seine «kosmische Aufgabe» hat er bereits erfüllt. Vielleicht wird schon im Jahre 1985/86 davon etwas sichtbar werden. Ob seine Helligkeit, die mit einer für Kometen ganz ungewöhnlichen Gleichmäßigkeit durch über 2 Jahrtausende anhielt, dann plötzlich schwindet, ob sein Kern sich auflöst und zerspaltet, wie man dies an mehreren Kometen der letzten Jahrhunderte bemerken konnte, ob er gar als Meteoritenregen auftritt, wie man dies im vorigen Jahrhundert am Biela'schen Kometen erlebte: Die junge Generation wird es mit Spannung erwarten dürfen. Daß die sich anschließenden Jahre des Jahrhundertendes solche gewaltiger Geisteskämpfe sein werden, daß in ihr große Persönlichkeiten auftreten würden: davon hat Rudolf Steiner prophetisch gesprochen.

Das Verhältnis des Halley'schen zu anderen Kometen

Der Leser mag einen Widerspruch in der bisherigen Darstellung darin empfinden, daß einerseits von der *kosmisch-befreienden* Natur der Kometen gesprochen, andrerseits der Halley'sche Komet als ein solcher geschildert worden ist, der die *materialistische* Entwicklung der Menschheit gefördert hat. In letzterer liegt aber doch die Fesselung an die Physis, an die rein irdische Daseinsform, an den unerbittlichen Zwang der Erdengesetze!

Der Widerspruch löst sich, wenn man bedenkt, daß der Ausgangspunkt der Menschheitsentwicklung in den rein geistigen Höhen einer göttlichen Wesenswelt die Möglichkeit der Freiheit für den Menschen nicht enthielt und daß er darum die *Richtung* nach einem materiellen Werden einschlagen mußte, so etwa, wie eine senkrechte Parabel zunächst fast wie eine Gerade von oben nach unten fährt. Die luziferischen Wesen leisteten die Weltenhilfe des Herabstieges aus götterbehüteter Menschheitskindheit; ihre Natur kraftet in den Kometen weiter. Aber am Ende der Wege Luzifers steht immer Ahriman, am Ende des Abstieges aus geistigen Welten die dichte Materiewelt, die Ahriman offenbart. In ihr liegt der Punkt, in dem der geistfern gewordene Mensch seine Freiheit findet. Die Richtung nach diesem Punkt fördert das Kometenwesen, es ist selbst luziferisch, aber an dem Ende dieser Richtung steht das Ahrimanische. Am untersten Pol dieser Richtung steht ein solcher Komet wie eben der Halley'sche.

Jedoch die Parabel, wie steil sie auch herabfahre, ist nur auf – wenn auch lange – Strecken einer Geraden ähnlich; in ihr steckt eine geheime Umschwungskraft, durch welche die Parabel ihre Richtung völlig ändert und wieder aufsteigt zu geistigen Höhen. Auch in diesem Punkte ist dem Menschen eine Weltenhilfe geworden; eine solche, die jedes Zwanges frei ist, die auf seine freie Nachfolge wartet. Die Parabel steht in diesem Umschwungspunkte seit dem Mysterium von Golgatha. Durch das Wirken der Christuswesenheit hat der Mensch die Möglichkeit des Wiederaufstieges, aber als ein Freier.

Mit dem notwendigen Abstieg verbunden können wir die Kometennatur erblicken; der Komet zersplittert aber, wenn er seine Aufgabe erfüllt hat. Aus seiner Natur gehen die Meteoritenschwärme hervor. Mit diesen aber ist die Tätigkeit eines Wesens verbunden, das – als Diener des Christus, als Verkünder seiner Geist-Herrlichkeit – der Helfer des Menschen auf dem Wiederaufstiege ist. Meteoreisen ist die Waffe, das kosmische Schwert dieses Wesens, das den Geistsucher Mensch mit der Gewalt seines Namens anruft: Micha-El – Wer ist wie Gott.

So ist der Halley'sche Komet, trotz seiner extremen kosmischen Aufgabe, dennoch ein echter Komet auch in Hinsicht auf sein Wirken in die Menschennatur hinein. Aber er steht, sowohl hinsichtlich seiner Beschaffenheit und Eigenschaften als auch seiner Wirkungen, in einer Grenzsituation. Man kann schon empfinden: Wenn er sich einmal aufgelöst haben wird nach einer langen Lebensdauer, in der er fast die Beständigkeit eines kleinen Planeten gezeigt hatte, wird seinesgleichen nicht mehr kommen.

Nachwort

Der Hauptvorwurf, der diesem Büchlein von Lesern gemacht werden kann, mag der sein, daß in ihm zwei Betrachtungsarten in unzulässiger, unwissenschaftlicher Art vermischt seien: die astronomisch-naturwissenschaftliche und die moralisch-menschenkundliche. Dies sei eine mittelalterliche, längst überholte, ja im Grunde unsaubere Betrachtungsweise. Alle großen Erkenntnisfortschritte der neueren Zeit seien durch scharfe Trennung beider Gebiete, der Natur- von den Geisteswissenschaften, erreicht worden.

Der Autor, durch Bildungsgang und Beruf mit den Naturwissenschaften eng verbunden, ist sich dieses Einwandes durchaus bewußt und hat ihn so ernst genommen, als es ihm nur möglich ist. Der Entwicklungsweg des menschlichen Erkennens hat in der Tat den Weg genommen, der in solcher strengen Trennung sich auslebte. An seinem Ende steht aber – und wir sind an diesem Ende bereits angekommen – das Bild eines seelen- und geistleeren Alls, eines mechanischen Riesenräderwerkes, einer chemisch-elektronischen Hexenküche, eines im wahrsten Bedeuten Sinn-losen Gebildes, barbarisch-chaotisch, mehr beängstigend als imponierend durch monströse Ausgedehntheit und banale Wiederholung eines einfachen Urmotivs ins Unendliche. Am Ende dieses Weges steht aber auch der Verlust des Menschenbildes, dessen Einheit jener Trennung einer Ganzheit in zwei prinzipiell getrennte Gebiete zum Opfer gefallen ist. Wir haben es erlebt, wir erleben die Tragik und Ausweglosigkeit dieser Situation täglich weiter. Die Göttlichkeit der Welt, die Welt des Göttlichen sind uns miteinander verloren gegangen und das Menschlich-Geistige dazu. Wie bei einem chemischen Prozeß der Analyse der schwere Bodensatz eines Niederschlages herausfällt, das Flüchtige aber verdunstet, ist uns das Tote, Materielle als heutiges Weltbild herausgefallen, das Geistige hat

104

sich luziferisch in sich zurückgezogen, hat sich in Bedeutungslosigkeit verflüchtigt: «Zum Teufel (Luzifer) ist der Spiritus, das (ahrimanische) Phlegma ist geblieben.»

Auf diesem Weg, der zum angedeuteten Ende führte, sind allerdings wichtige Früchte errungen worden: kraftvolles Selbstbewußtsein und Werden der Sphäre, in der Freiheit möglich ist. Sie dürfen nie verlorengehen, diese Früchte. Aber man kann die so sehr zur Exaktheit, zur Selbstlosigkeit und Sachlichkeit erziehende naturwissenschaftliche Methode entwickeln zur Methodik einer Seelen- und Geistesforschung, die sich auf jenen Teil der Weltwirklichkeit richten kann, der uns durch die erwähnte Trennung verlorengegangen ist. Diese Trennung selbst wird damit überflüssig; sie erweist sich als der Abgrund, der das Zuendegekommensein des Erkenntnisweges unserer Zeit bedingte. Heben wir die Trennung auf, so schließt sich der Abgrund. Der Weg geht weiter. Anthroposophie will ein Weiser auf diesem Wege sein.

*

Zum Schluß sei ein kleines persönliches Erlebnis mitzuteilen erlaubt, das, als Kindheitsschicksal erlebt, mit an dem Impulse bildete, Vorliegendes zu schreiben.

Der Autor war noch ein sehr kleines Kind, das eben das Gehen gelernt hatte und nun alle Räume der elterlichen Wohnung unsicher machte. Der Vater besaß, als einer der damals noch seltenen Liebhaber der Lichtbilderkunst, eine photographische Einrichtung. Die dazu nötigen Chemikalien waren in einem Schrank verwahrt. Eines Tages wurde der zugehörige Schlüssel im Schloß vergessen, das Kind geriet an den Schrank. Den spielenden Fingern drehte sich der Schlüssel, die Tür sprang auf, und nun standen zwei Flaschen in Augenhöhe: eine mit einer Zyankali- und eine mit einer Höllenstein-(Silbernitrat-) Lösung. Das Kind, gewohnt, Flaschen als Behälter nahrhafter Flüssigkeiten zu erleben, ergriff die erste zur Hand kommende, und es gelang ihm, sich ihren Inhalt einzuverleiben; dies war glücklicherweise die

Flasche mit der Höllensteinlösung. So hat es die Mutter später dem Knaben erzählt, die nun die Stube betrat, das Kind vor Schmerzen schreiend, die ausgelaufene Flasche am Boden gewahrte, sich das Geschehene rasch zusammenreimte, das Kind aufhob, die Flasche faßte, zum Apotheker, zum Arzt lief. Eine Magenspülung und die nötige Arzneibehandlung wendeten das Schlimmste ab. Diät und Pflege stellten die Gesundheit allmählich wieder her. So waren Cyan und Silber dem Kinde am Lebensanfang begegnet, der Stoff, der mit der Kometennatur verknüpft ist, und das Metall, das einst aus ätherischen Mondenkräftewirkungen sich im Erdenleibe gebildet hat. Das nun Erzählte geschah im Jahr, als die «Philosophie der Freiheit» erschien. – Der heranwachsende junge Mensch wählte aus innerer Neigung das Studium der Chemie; nach Ende der Hochschulzeit kam er bald in einen Betrieb, in dem er sowohl mit Silber (auch mit Gold, Platin, Kupfer) als auch mit Cyanverbindungen täglich zu tun hatte. Es handelte sich um eine Gold- und Silber-Scheideanstalt, in der auch verschiedene Edelmetallverbindungen für Galvanisierbetriebe hergestellt wurden; diese sind vielfach Cyan-Metall-Doppelsalze. Dort arbeitete leitend ein alter Chemiker, der ein Jugendfreund Rudolf Steiners gewesen war, von ihm als solcher auch in seiner Biographie «Mein Lebensgang» erwähnt ist. (Mit Rudolf Steiner als Vortragendem und seinen Büchern war der junge Chemiker durch die Kraft tief eingreifender Schicksalserlebnisse schon vorher bekannt geworden.) Eine um diese Zeit geschriebene kleine Arbeit «Rätsel des Stickstoffs und ihre Erhellung durch anthroposophische Geisteswissenschaft», die den Zusammenhängen von Stickstoffeigenschaften mit der «alten Mondenentwicklung» nachging, trug zur Berufung des jungen Chemikers an das Forschungsinstitut des «Kommenden Tages, Aktiengesellschaft zur Förderung wirtschaftlicher und geistiger Werte» (auf dem Gelände der Freien Waldorfschule in Stuttgart) bei. Hier begegnete er nun Cyan und Silber als Objekten neuer wissenschaftlicher Forschung; denn hier arbeitete ein junger Norweger an der Aufgabe, die Rudolf Steiner gestellt hatte: Cyan im Meteoreisen nachzuweisen und den Cyanprozeß in der Gehirnphysiologie zu verfolgen. – Hier arbeitete aber auch L. Kolisko, der es gelang, «Sternenwirken in Erdenstoffen» zu entdecken, insbesondere Mondenwirkungen mit Silber-Reaktionen festzustellen und zu verfolgen. – Als dann der Vortrag von Rudolf Steiner «Kometarisches und Lunarisches» im Druck erschien, kann der Leser wohl mitfühlen, wie bedeutsam sein Inhalt dem Autor dieses Büchleins war. – Der Lebensweg führte aber bald in das durch das Lebenswerk Rudolf Steiners sich so weit eröffnende Neuland einer Erweiterung der Heilkunst durch geisteswissenschaftliche Erkenntnisse. Dem Bereiten neuartiger Heilmittel wurden Stätten gebaut, wo man mit tätig sein durfte. Hier begegneten Cyanprozeß und Silber dem Autor wieder, nun aber als Heilmittel.

Als in diesem Jahre zu Ostern der Arend-Roland'sche Komet so sichtbar über den Himmel zog, fühlte der Verfasser sich verpflichtet, die vorliegende Arbeit zu versuchen, die sich ihrem Abschluß zuneigte, als zur Herbstes-Michaelszeit ebenso bedeutsam der zweite, der Komet Mrkos erschien.

Hiermit ist die Absicht zwar nicht ein-, sondern ausgeleitet, dennoch aber das Unternehmen entschuldigt.

Im Spätherbst 1957   *Wilhelm Pelikan*

Literaturverzeichnis

Vorträge, in denen Rudolf Steiner die Kometen erwähnt oder ausführlicher über sie spricht; erschienen innerhalb der Gesamtausgabe (GA) in Dornach:

5. März 1910 (Stuttgart), GA 118, 2. Aufl. Dornach 1977.
9. März 1910 (Berlin), GA 116, 4. Aufl. Dornach 1982.
13. März 1910 (München), GA 118, 2. Aufl. Dornach 1977.
13. Mai 1910 (Bremen), nicht in der GA.
16. Mai 1910 (Hamburg), GA 120, 6. Aufl. Dornach 1975.
10.–12., 14. April 1912 (Helsinki), GA 136, 4. Aufl. Dornach 1974.
12. Jan. 1918 (Dornach), GA 180, 2. Aufl. Dornach 1980.
1., 16. März 1919 (Dornach), GA 189, 3. Aufl. Dornach 1980.
10. Dez. 1920 (Dornach), GA 202, 2. Aufl. Dornach 1980.
4., 8., 9., 18. Jan. 1921 (Stuttgart), GA 323, 2. Aufl. Dornach 1972.
30. Sept. 1922 (Dornach), GA 347, 1. Aufl. Dornach 1976.
27. Jan. 1923 (Dornach), GA 348, 3. Aufl. Dornach 1983.
24., 27. Okt. 1923 (Dornach), GA 351, 3. Aufl. Dornach 1978.
17. Nov. 1923 (Den Haag), GA 231, 3. Aufl. Dornach 1982.
17. Mai 1924 (Dornach), GA 353, 2. Aufl. in Vorb.
20. Sept. 1924 (Dornach), GA 354, 2. Aufl. Dornach 1977.

Weitere anthroposophische Literatur zu den Kometen:

Blattmann, Georg, Das Rätsel der Kometen. Urachhaus 1975.
Vetter Suso, Über die Kometen. Sternkalender 1958/59.
Vorblick auf den Kometen Halley. Sternkalender 1984/85.
Zur Erscheinung des Halley'schen Kometen. Sternkalender 1985/86.

Aus der astronomischen Literatur:

Mucke Hermann, Helle Kometen von −86 bis 1950, Ephemeriden und Kurzbeschreibungen. Astronomisches Büro Wien, 1972.

Richter, N.B., Statistik und Physik der Kometen. Leipzig 1954.

Wurm, K., Die Kometen. Springer-Verlag. Reihe Verständliche Wissenschaft. Berlin 1954.

dtv-Atlas zur Astronomie, herausgegeben von Joachim Hermann, DTV-Verlag, München 1980.

Meyers Handbuch über das Weltall, herausgegeben von Sebastian von Hoerner und Karl Schaifers, Mannheim 1984.

Philosophisch-Anthroposophischer Verlag
Goetheanum, CH-4143 Dornach

REIHE GEISTESWISSENSCHAFTLICHE VORTRÄGE

Wolfgang Greiner
Eleusis
Göttermythos und Einweihungsweg
40 Seiten, kartoniert.
Geisteswissenschaftliche Vorträge Nr. 1

In Eleusis vollzog sich etwas, was die ganze Menschheit angeht. In diesen «das ganze Menschengeschlecht zusammenhaltenden» Mysterien spiegelt sich die Bewusstseinsgeschichte der Menschheit selbst, von ihrem Beginn bis in die Zukunft: das Ur-Drama ihres Himmels-Sturzes, das Durchgehen durch die Erdenfinsternis, das Mysterium ihrer Auferstehung.

Athys Floride
Die Begegnung als Aufwacherlebnis
40 Seiten, kartoniert.
Geisteswissenschaftliche Vorträge Nr. 2

«Nimmt man aber das als eine Übung, sich völlig durchdrungen sein zu lassen von den Meinungen und Gedanken des anderen, und opfert man in diesem Augenblick seine eigenen Meinungen, dann spricht der andere das aus, was er ist. Man ist Schale geworden für das Wesen des anderen, gibt ihm einen freien Raum. Durch dieses Opfer wird ein Teil der Hindernisse, die zwischen beiden Menschen standen, beseitigt.»

Hermann Poppelbaum
Goethe als esoterischer Christ
40 Seiten, kartoniert.
Geisteswissenschaftliche Vorträge Nr. 3

In der Verantwortung für den Menschen als entelechisches Wesen sieht Goethe das wahre Christentum. Darin ist der Angelpunkt des gesamten Goetheschen Schaffens begründet. «Die wahren esoterischen Christen brauchen den Namen Christus selten, das ist ein charakteristisches Merkmal.»

Philosophisch-Anthroposophischer Verlag
Goetheanum, CH-4143 Dornach

REIHE GEISTESWISSENSCHAFTLICHE VORTRÄGE

Peter Müller
Das Weihnachtsfest in der Darstellung Rudolf Steiners
50 Seiten, kartoniert.
Geisteswissenschaftliche Vorträge Nr. 4

Das welthistorische Geschehnis von Bethlehem muss für die Gegenwart eine Neubelebung erfahren. Durch die Begegnung mit dem ätherischen Christus will sich wieder ein wahres Weihnachtsereignis offenbaren. Die Gestaltung des sozialen Lebens erhält dadurch wegweisende Zukunfts-Impulse.

Wolfgang Greiner
Grals-Geheimnisse
54 Seiten, kartoniert.
Geisteswissenschaftliche Vorträge Nr. 5

Die «Wissenschaft vom Gral» (Rudolf Steiner) führt in ungeahnter Weise von den alten persischen und ägyptischen Mysterien bis in die Gegenwart. Das Wirken des Gralsgegners Klingsor, das in den Leiden des Amfortas zum Ausdruck kommt, das noch zu wenig bekannte, seltsame Fortwirken der Sibyllen im Grals-Zusammenhang – das wird in diesen Vorträgen dargestellt. Veranlasst wurden sie durch eine bisher unausgeschöpfte Quelle, welche in der Erinnerung an Aussagen Rudolf Steiners über die Gestalt und die Schicksalswege Parzivals unerwartete und überraschende Einblicke gibt.

Walter Holtzapfel
Auf dem Wege zum Hygienischen Okkultismus
42 Seiten, kartoniert.
Geisteswissenschaftliche Vorträge Nr. 6

Angesichts gegenwärtiger Verfallserscheinungen können sich Bedrückung und Ratlosigkeit der Menschen bemächtigen. Die Entwicklung scheint unaufhaltsam abwärts zu gehen. Aber gerade im Zerfall wird die Oberfläche des Lebens transparent und gibt den Blick frei für neue Möglichkeiten, die in ganz anderer Richtung sichtbar werden. Von solchen Möglichkeiten, die in den Menschen herein wollen, hat Rudolf Steiner gesprochen und davon ist in dieser Schrift die Rede.

**Philosophisch-Anthroposophischer Verlag
Goetheanum, CH-4143 Dornach**

SIEBEN METALLE

WILHELM PELIKAN

Wilhelm Pelikan

Sieben Metalle

Vom Wirken des Metallwesens in Kosmos, Erde und Mensch

Aus dem Inhalt: Der metallische Zustand im Erdendasein – Kosmische Seiten des Metallwesens – Wesenszüge des Bleis – Vom Zinn – Gold – Das Kupfer in den Naturreichen und im Menschen – Quecksilber-Wesensbild – Aluminium, das Silber aus Lehm – Nickel, Kobalt – Vom Antimon – Lichtmetall, Magnesium – Uran, Metall des Entwerdens.
4., erweiterte Auflage, 232 Seiten, mit Abbildungen, Leinen

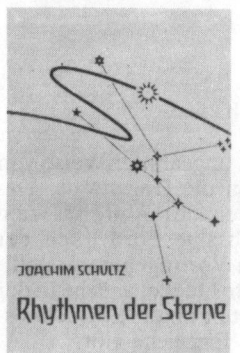

JOACHIM SCHULTZ
Rhythmen der Sterne

Joachim Schultz

Rhythmen der Sterne

Erscheinungen und Bewegungen von Sonne, Mond und Planeten

Aus dem Inhalt: Der Tierkreis und seine tägliche Bewegung – Der Sonnenlauf im Tag und im Jahr – Das Wandern des Frühlingspunktes und das Weltenjahr – Die Sonnen- und Mondfinsternisse – Die Schleifenbildungen der Planeten – Die Planetoiden.
2. Auflage, 140 Abbildungen und 12 zweifarbige Tafeln mit Planetenbahnen, 240 Seiten, Leinen

GUENTHER WACHSMUTH

ERDE und MENSCH

Guenther Wachsmuth

Erde und Mensch – ihre Bildungskräfte, Rhythmen und Lebensprozesse

Band I, Inhalt: Wesen und Wirken des Erdorganismus – Sphären, Hüllen, Organe und Lebensprozesse des Erdorganismus – Die Zirkulationsprozesse – Der tagesperiodische Rhythmus im Kräftefeld der Erde, im Pflanzenreich, im Tierreich – Der Mensch und sein Lebensrhythmus im Tageslauf.
4. Auflage,
488 Seiten, mit zahlreichen Abbildungen, gebunden